藏东南地气交换过程观测试验与分析研究

王顺久 王 鸽 马舒坡 等著

U0209949

科学出版社

北京

内 容 简 介

本书针对青藏高原非均匀下垫面地气交换复杂问题，突破以单点代表区域地气交换过程研究的传统思路，构建多点组网同步观测系统，获取地气交换过程观测试验数据；分析藏东南地区地气交换过程特征、南亚夏季风演变与藏东南地气交换过程的作用机制；基于 WRF 模式陆面过程方案和边界层参数化方案适用性评估，推荐适用于藏东南地区 WRF 模式的最优参数化方案；建立复杂下垫面地气交换过程参数的卫星遥感反演与评估模型。

本书可供从事大型野外观测试验、数值预报模式改进、卫星遥感等领域的研究者及教学人员阅读。

图书在版编目(CIP)数据

藏东南地气交换过程观测试验与分析研究 / 王顺久等著. —北京：科学出版社，2024.3
ISBN 978-7-03-078219-9

Ⅰ.①藏⋯ Ⅱ.①王⋯ Ⅲ.①青藏高原–地球化学勘探–研究
Ⅳ.①P632

中国国家版本馆 CIP 数据核字（2024）第 058006 号

责任编辑：陈 杰 / 责任校对：彭 映
责任印制：罗 科 / 封面设计：墨创文化

科 学 出 版 社 出版

北京东黄城根北街16 号
邮政编码：100717
http://www.sciencep.com

成都锦瑞印刷有限责任公司 印刷
科学出版社发行 各地新华书店经销

*

2024 年 3 月第 一 版 开本：787×1092 1/16
2024 年 3 月第一次印刷 印张：9 1/4
字数：220 000
定价：129.00 元
（如有印装质量问题，我社负责调换）

《藏东南地气交换过程观测试验与分析研究》
撰 写 人 员

王顺久　王　鸽　马舒坡　唐信英

李　鹏　李宏毅　王圆圆　闵文彬

前　　言

　　藏东南地区即青藏高原东南缘，是南亚气候系统与青藏高原相互作用的关键区，是青藏高原水汽转运的主要区域，青藏高原对大气环流的爬升与绕流作用首先发生于该区域，由此造就了该地区复杂而独特的天气气候系统。大量研究表明，影响我国的主要天气气候系统多发源于藏东南地区，或经藏东南地区移出，或在藏东南地区得到发展和加强，因此加强对藏东南地区天气气候系统的研究具有非常重要的理论和现实意义。

　　藏东南地区是认识青藏高原物质能量交换的关键区域。该地区下垫面具有很强的非均匀性，其地气交换过程异常复杂，现行数值模式参数化方案在该地区存在局限性，卫星遥感资料开发应用也有待高时空分辨率的地面观测数据的验证。因此，开展藏东南地区地气交换观测试验研究对于正确认识藏东南复杂下垫面地气交换过程具有十分重要的意义，有利于卫星遥感导出资料的可靠性检验，研究成果可为数值模式地气交换过程的准确模拟提供技术支撑，有利于数值模式模拟预测能力的提高。

　　在 2012 年度公益性行业(气象)科研专项项目"藏东南地区复杂下垫面地气交换观测研究"(GYHY201206041)的支持下，本书突破以单点代表区域地气交换过程研究的传统思路，构建多点组网同步观测系统，获取地气交换过程观测试验数据，为复杂下垫面地区地气交换过程研究提供技术支撑；揭示藏东南地区地气交换过程特征、南亚夏季风演变与藏东南地气交换过程的作用机制，为南亚夏季风演变趋势预测提供理论指导；基于WRF(weather research and forecast，天气研究与预报)模式陆面过程方案和边界层参数化方案适用性评估，遴选出适用于藏东南地区 WRF 模式的最优参数化方案，可推广应用于复杂下垫面地区数值模式参数化方案的优化和改进；通过对复杂下垫面地气交换过程参数的卫星遥感反演模型进行评估，提出中分辨率成像光谱仪(moderate-resolution imaging spectroradio-meter，MODIS)地表温度校正的面积加权法，为提高复杂下垫面地区卫星遥感反演精度奠定基础。以中国气象科学研究院徐祥德院士为组长的项目验收专家组认为，本研究成果具有重要的科学价值、业务转化潜力和一定的社会经济效益，一致同意通过验收。以成都信息工程大学吕世华教授为组长的评价咨询专家组认为，本项目成果突出，总体上达到了国际先进水平。项目成果成功应用在大型野外观测试验、数值预报模式改进和卫星遥感业务与研究工作等领域，实际应用成效显著，产生了良好的业务应用效果和学术影响，取得了显著的社会及生态效益。本项目的研究成果荣获 2020 年度四川省科学技术进步奖三等奖。

　　本书主要受第二次青藏高原综合科学考察研究项目(2019QZKK0105、2019QZKK0103)、公益性行业(气象)科研专项项目(GYHY201206041)、高原大气与环境四川省重点实验室开放课题(PAEKL-2020-C7)和高原与盆地暴雨旱涝灾害四川省重点实验室开放课题(SCQXKJYJXMS202116)等项目联合资助。

i

本书由王顺久、王鸽、马舒坡、唐信英、李鹏、李宏毅、王圆圆、闵文彬著。同时，中国科学院大气物理研究所邹捍研究员和周立波研究员全程指导本书研究的开展，本书研究的顺利进行还得到了中国气象局成都高原气象研究所、北京市气象局、中国气象局气象干部培训学院和国家卫星气象中心等单位的大力支持，在此对所有关心和支持本书研究开展的单位和个人一并致以衷心的感谢。

本书研究尽管在藏东南地区复杂下垫面地气相互作用的野外观测、特征分析、参数化方案适用性评估和卫星遥感反演与评估等方面取得了一定的成果，但仍存在许多需要深入研究的科学问题。由于作者水平有限，书中难免存在疏漏之处，恳请读者不吝指正。

目　　录

第1章 绪 论

1.1 研究背景及意义

藏东南地区即青藏高原东南缘,是青藏高原与周边地区大气、水热交换的关键区域,在青藏高原水热平衡中占有重要地位。该地区地形复杂,包括高山、深壑;地表状态多样,包括河滩、草甸、森林、冰雪等。该地区非均匀下垫面上的地气交换过程具有很强的复杂性,这一复杂的地气交换给我们正确认识青藏高原大气过程,准确预测预报天气气候过程带来极大的困难。

依托 2012 年度公益性行业(气象)科研专项项目"藏东南地区复杂下垫面地气交换观测研究"(项目编号:GYHY201206041),选择藏东南地区雅鲁藏布江河谷为研究区域,以春夏之交南亚季风爆发之际为关键时段,采用不同下垫面多点组网同步观测的试验方法,观测藏东南地区土壤、地表、近地面能量交换以及边界层和对流层大气过程,研究藏东南地区复杂下垫面上的地气交换过程,获得该地区地气交换参数,探索由卫星遥感资料导出藏东南地区地气交换参数的适应性。结合大尺度数据资料,采用诊断和统计分析以及数值试验的方法,研究藏东南地区天气气候过程,以及这些过程中的地气交换特征,为改进中、小尺度数值模式地气相互作用过程参数化方案提供观测依据。研究结论可为复杂下垫面地区地气交换观测试验设计与实施提供参考,为深入认识藏东南地区复杂下垫面地气交换过程提供理论依据,可有效提高数值模式对青藏高原及周边地区天气气候过程的模拟预测能力,为卫星遥感应用提供技术支撑。

1.2 研究现状及发展趋势

1.2.1 青藏高原地气交换过程观测研究

近几十年来,我国为提高对青藏高原地气相互作用的认识开展了许多野外观测试验。其中,主要的试验有 1979 年第一次青藏高原气象科学试验(Qinghai-Xizang Plateau meteorological science experiment,QXPMEX)、1982~1983 年中国科学院兰州高原大气物理研究所青藏高原地面辐射平衡和热量平衡观测实验、1996~2000 年中日合作"全球能量和水循环之亚洲季风青藏高原试验"[global energy and water cycle experiment(GEWEX),Asian monsoon experiment on the Tibetan Plateau,GAME/Tibet]项目、1998 年第二次青藏高原大气科学试验(the Second Tibetan Plateau atmospheric scientific experiment,TIPEX-II)、2001~2005 年"全球协调加强观测计划亚澳季风之青藏高原试验研究"[coordinated enhanced observing period(CEOP),Asia-Australia monsoon project on the Tibetan Plateau，CAMP/Tibet]、2004～2009 年日本国际协力机构(Japan International Cooperation Agency，JICA)项目(即"中日气象灾害合作研究中心"项目)、2010～2021 年中国气象局成都高原气象研究所西南涡加密观测科学试验等。

中国的气象科技工作者于 1979 年 5 月 1 日至 8 月 31 日，进行了第一次青藏高原气象科学试验(QXPMEX)。试验主要目的是：研究高原地区地面热状况以及高原加热作用；研究青藏高原对其附近环流季节变化的影响；研究高原及附近天气系统的发生、发展及结构；进行高原对大气环流影响的数值模拟试验。青藏高原及周边地区共有 223 个地面气象站、83 个高空站及 37 个经纬仪测风站参与了该次试验。为了更好地认识青藏高原冷热源特性及其季节变化特征，中国科学院兰州高原大气物理研究所于 1982 年 8 月至 1983 年 7 月，在改则、那曲、拉萨、甘孜开展了以冷热源研究为主题的观测，进一步补充了第一次青藏高原大气科学试验的热源数据集。在第一次青藏高原大气科学试验中，高原东部的观测站分布相对较密，北部和中部分布较稀，西部的观测站数量很少。

1996 年起，中国科学院寒区旱区环境与工程研究所、中国科学院青藏高原研究所和中国气象科学研究院等单位与日本、韩国多所大学一起合作，开展了 GAME/Tibet(1996～2000 年)和 CAMP/Tibet(2001～2005 年)，共进行近 10 年的连续观测。GAME/Tibet 试验区设在藏北那曲地区以及青藏公路沿线、沱沱河和唐古拉山口附近。2000 年 GAME/Tibet 结束后，加入了全球能量和水循环试验(GEWEX)与气候变率及可预测性计划(climate variability and predictability programme，CLIVAR)两个大型国际计划联合组织的 CEOP，开始执行 CAMP/Tibet。该试验除继续 GAME/Tibet 观测项目外，还进一步加强和扩展了对高原大气边界层、高原地表辐射通量、高原深层土壤温度特征、高原降水特征等方面的深入观测。CAMP/Tibet 与 GAME/Tibet 试验区基本相同，主要在藏北那曲地区附近，没有涉及青藏高原西部地区。

1998 年，中国科学家开展了第二次青藏高原大气科学试验(TIPEX)，目标是揭示高原地气物理过程及其边界层结构，重点是边界层观测。为了获取高原大气边界水热状态和反映其过程的气象要素，设立了昌都、当雄和改则 3 个大气边界层气象观测基地。从青藏高原第二次大气科学试验的整体布局来看，试验区域东起四川西部的甘孜，西至阿里地区的狮泉河，经度跨越 80°E～100°E；北起青海的五道梁，南至西藏定日，覆盖 28°N～35°N 范围，但是高原西部、西北部的大部分地区仍然属于观测空白区。

2004～2009 年，中国和日本开展了 JICA 项目"青藏高原及周边综合观测系统计划"。JICA 项目的科学目标是认识高原及周边水循环关键科学问题，了解高原对流云对中国与日本等东亚地区洪涝灾害的影响，提高数值模式高原边界层参数化技术水平。项目在青藏高原及其东部周边地区已有业务观测网的基础上，以青藏高原及周边水汽循环变化机理为主要研究对象，建立了以高原及周边地区全球定位系统(global positioning system，GPS)水汽观测、关键区铁塔大气廓线仪边界层观测系统与无人值守自动气象站为主体的水循环长期观测网。在这些观测站建立的基础上，JICA 项目在 2008 年开展了季风过程与暴雨天气上游关键区综合气象观测试验，观测站点主要分布在高原东部及周边的四川、云南地区，高原中部和西部的观测站点很少。

2010～2021 年,中国气象局成都高原气象研究所针对高原东侧的主要天气系统——西南涡连续开展了多年的加密观测试验,观测区集中在青藏高原 100°E 以东的四川及邻近地区,主要进行时间和空间上的探空加密观测,获取西南涡东移路径上高时间密度、高垂直分辨率的温、压、湿等大气要素信息。2011 年,该研究所还在西南涡加密观测试验的基础上,组织相关单位共同开展了第三次青藏高原大气科学试验 2011 年预试验。预试验区为整个青藏高原及周边关键区,试验持续时间为 2011 年 7 月 1 日零时至 7 月 31 日 24 时,共 31 天,通过观测获得了夏季青藏高原及周边地区多个省份高时空密度的多种综合观测资料。

在这些试验的基础上,学者对青藏高原的热状况和天气气候进行了系统的研究和总结,指出青藏高原夏季是一个强大的热源,该热源在东亚天气气候的形成中起重要作用(叶笃正和高由禧,1979),青藏高原地气热量交换在干季以感热通量为主,在湿季以潜热通量为主(陶诗言等,1999)。陈隆勋等(1985)、赵平和陈隆勋(2001)计算了高原热源的气候特征及其与东亚气候的关系,还有其他的一些研究工作(简茂球和罗会邦,2001)分析了高原热源、高原积雪分布和异常与东亚大气环流的关系等,针对定量理解青藏高原地表能量也做了一些研究(马耀明等,2000)。青藏高原大型山地中的局地环流在地气交换过程中起重要作用,喜马拉雅山东部地区的地气交换过程明显区别于青藏高原其他地区(Zou et al.,2012)。

1.2.2　青藏高原地气交换过程特征研究

地表动量、感热通量和潜热通量是表征地气之间物质和能量交换过程的重要参数,青藏高原感热通量和潜热通量的分布具有明显的地域差异和季节变化特征。就感热通量与潜热通量的日变化而言,高原东部理塘地区感热通量最大值出现在 12:00 左右,而西部地区出现在 15:00 左右,日变化强度有显著的季节变动;潜热通量的日变化比感热通量的要弱得多,雨季降水前后潜热通量的个别日变化相差很大。就月均感热通量与潜热通量而言,高原西部所有月份都是感热通量大于潜热通量,而高原东部地区冬季以感热通量为主,夏季以潜热通量为主。高原中东部春季感热通量呈减弱趋势,而潜热通量呈微弱上升趋势,其空间分布大致为南北反向型;夏季潜热通量成为和感热通量同样重要甚至更为重要的加热因子,其空间分布类似“三明治”型,即高原北部和南部为上升趋势,而中部表现为减弱趋势;进入秋季,高原潜热通量变化减弱区域有所扩大,而随着冬季的来临,降水量远少于其他季节,但仍有部分区域潜热通量呈上升趋势。就年均感热通量与潜热通量而言,高原西部的感热通量比东部的大,夏季的感热通量比冬季的大,季风前的感热通量比季风期间的大;高原西部地面热源中以感热通量加热为主,高原东部地面热源中以潜热通量加热为主,高原西部年均感热通量比东部大,近 30 年高原中东部感热通量呈持续减弱趋势,而潜热通量为增强趋势。

青藏高原由于地形复杂、面积巨大,在东部和西部之间存在显著的差异。青藏高原东部和西部地区热源空间分布上存在明显的区域差异,2～5 月青藏高原西南部的热源明显比东部的大,而 6～9 月高原东部的热源则大于西部,东部大气热源和热源最强出现的时间都要比西南部晚一个月。青藏高原全区、东部和西部逐年平均的大气热源变化特征存在明显的区域差异,高原全区年平均大气热源的变化主要是一个 14 年时间尺度;高原东部不仅有 14 年主要时间尺度,同时还有一个非常显著的 2.6 年时间尺度;高原西部有一个 21 年主要时间尺度和一个不明显的 1~2 年时间尺度。青藏高原东部和西部大气加热以哪一种加热分量为主也存在明显的区域差异。叶笃正和高由禧(1979)认为,高原西部以感热通量为主,东部以潜热通量为主,但整个高原平均以感热通量为主。Luo 和 Yanai(1984)认为,西部感热通量远大于潜热通量,东部两者比较接近。赵平和陈隆勋(2001)指出,在东部夏季凝结潜热通量增加使热源继续增强,而西部凝结潜热通量增强并未使大气热源增强。青藏高原东部和西部在高原上空大气热源的垂直结构方面也存在明显的区域差异,在高原西部,平均垂直运动是弱的上升,而在高原东部,上升运动很显著。

总体而言,我国就青藏高原近地层能量和物质输送的研究已经取得了重大的进展,但利用观测资料对感热通量和潜热通量进行计算的研究较少,尚不能给出高原地表能量和水分收支的空间和季节变化的全貌;关于地表热源强度的结构问题,特别是高原东西部热源结构差异的准确估算尚不是很清楚,感热通量和潜热通量所占比例如何随季节变化以及地面热源强度的年际变化还需要进一步研究。

1.2.3 青藏高原湍流交换变化特征研究

湍流交换系数是计算下垫面地表与大气之间物质和能量交换的关键参数,湍流交换系数包括动量传输系数 C_d、热量传输系数 C_h 及水汽传输系数 C_q。早期对湍流交换系数的研究主要是基于理论计算,不同作者得到的湍流交换系数差别很大,并且一般都比实际值偏大。经过 20 世纪 70 年代以来国内开展的青藏高原野外观测试验以及 90 年代初在干旱/半干旱区的陆面过程与大气边界层开展的观测试验,陆面上湍流交换系数的研究也由理论估算转到了实际观测,湍流交换系数的研究取得了实质性的进展。

在青藏高原地区,我国科学家依据青藏高原野外观测试验数据,计算了拉萨、那曲、林芝、改则、当雄、昌都、日喀则、狮泉河和北麓河等地区的动量传输系数 C_d 和热量传输系数 C_h。研究结果表明,青藏高原动量传输系数的多年平均值为 $3.53 \times 10^{-3} \sim 4.99 \times 10^{-3}$,热量传输系数为 $4.67 \times 10^{-3} \sim 6.73 \times 10^{-3}$,两者均大于干旱、半干旱区的值。青藏高原地区湍流交换系数具有明显的日和季节变化特征,白天湍流交换系数较大而变化幅度较小,晚上湍流交换系数较小而变化幅度较大。湍流交换系数是大气稳定度、地表粗糙度 z_{0m} 和观测高度 z 的函数,对理查森数(Ri)有很强的依赖性,随 z_{0m} 的增大而增大,其中 C_h 随 z_{0m} 的变幅大于 C_d,C_d 和 C_h 随着观测高度 z 的增大而减小,当风速较大时湍流交换系数趋于常值,在风速较小时湍流交换系数随风速的变化非常敏感。

总体而言,我国对青藏高原湍流交换系数的研究大都集中在青藏高原的中部、北部和东北部地区,对高原西部湍流交换系数的研究有待加强,在湍流交换系数随近地层气流变化特征方面的研究不够深入,长期观测资料的系统化研究更不多见,还不足以揭示青藏高原湍流交换系数随空间和季节变化的全貌。

1.2.4　青藏高原空气动力学参数化方案研究

陆面模式中的参数主要包括植被冠层参数、土壤参数和空气动力学参数，这些参数对于模式准确还原真实物理过程起着重要的作用。土壤热通量作为陆气相互作用的重要分量，是评估陆面模式模拟能力的重要指标，而地表粗糙度(也称为空气动力学粗糙度，z_{0m})和热传输附加阻尼(kB^{-1})在其计算中起着关键作用，z_{0m} 和 kB^{-1} 与土壤热通量的计算直接相关，它们的不确定性严重制约着陆面模式模拟能力的提高。

关于地表粗糙度 z_{0m} 的估算已经有不少研究。在初期常利用障碍物的几何高度估算 z_{0m}(Wieringa，1993)，后来陈家宜等(1997)提出一种只使用超声风速仪的平均风速和湍流量确定 z_{0m} 的独立方法。此后，Takagi 等(2003)提出通过拟合近地层平均风速估算 z_{0m} 的方法，周艳莲等(2007)用此方法计算了长白山森林下垫面的地表粗糙度。Yang 等(2008)利用相似理论结合统计学方法估算一段时间内的最优 z_{0m}，并计算了干旱半干旱地区多种下垫面的地表粗糙度。由于样本数量、筛选条件和统计方法的差别，导致采用不同方法计算得到的 z_{0m} 结果存在差异。

热传输附加阻尼 kB^{-1} 的反演值可以利用野外试验站获得的感热通量、风速和温度的观测资料，结合阻尼型通量计算公式间接得到。在实际应用过程中，kB^{-1} 常根据参数化方案得到，并用于计算感热通量。Garratt 和 Francey(1978)认为在均一植被下垫面情况下 $kB^{-1}=2$，在浓密和稀疏植被下垫面情况下 kB^{-1} 分别有所增减。Sun(1999)发现草地下垫面的 kB^{-1} 具有日变化特征。kB^{-1} 的变化被认为是粗糙度雷诺数 Re_* 的函数。目前已经提出多个与 Re_* 有关的参数化方案，如 $kB^{-1}=\ln(Pr \times Re_*)$、$kB^{-1}=k\alpha(8Re_*)^{0.45}Pr^{0.8}$、$kB^{-1}=0.13Re_*^{0.45}$ 和 $kB^{-1}=1.29Re_*^{0.25}-2$，其中 $Pr=0.71$。在已耦合到多个气候模式之中的公共陆面模式(common land model，CoLM)中热传输附加阻尼 kB^{-1} 的参数化方案选用的是 $kB^{-1}=0.13Re_*^{0.45}$，但是这种参数化方案在青藏高原不同下垫面中的适用性还有待验证。

1.2.5　青藏高原地气交换过程数值模拟研究

数值模式是主要的天气气候预测预报工具，但是用于中尺度区域数值模式的青藏高原陆面过程模式是区域模式技术最薄弱的环节之一。由于国内大多引用和移植国外由平原地区推导的陆面过程模式，其物理过程及参数在高原的合理性需要真实观测数据的检验。另外，数值模式的参数化过程中经常引入的参数主要根据观测资料统计或半经验理论确定，这些参数化理论是否适用于青藏高原不同下垫面，则需要用真实的观测数据进行验证。不同近地层参数化方案中的动量通量和热量通量的普适函数表达式不同，很多学者提出的普适函数表达式多是基于某一地区的观测资料得到的，所以某一种参数化方案是否适用于青藏高原不同下垫面需要进一步验证。

辛羽飞等(2006)验证了 CoLM 在青藏高原区的适用性；王澄海等(2003)利用 CoLM 对青藏高原西部狮泉河站、改则站进行了单点数值模拟试验；罗斯琼等(2008)利用 CoLM 及 CAMP/Tibet 中那曲地区 Bujiao(BJ)站 2002～2004 年的观测资料对该地区进行了单点数值模拟试验，结果表明，CoLM 较成功地模拟了该地区的能量分配，但土壤冻融过程参数化方案存在问题；Luo 等(2009)改进了 CoLM 中的土壤冻融过程参数化方案，并对青藏高原玛曲站进行了模拟试验，发现改进后的方案对冻土水热过程的模拟能力有一定的提高；李震坤等(2011)也改进了陆面模式(CLM3.0)中的土壤冻融过程参数化方案，并对青藏高原西部改则站进行了模拟试验；陈渤黎等(2012)利用通用陆面过程模式(CLM3.5)和青藏高原玛曲站 2010 年 6 月至 2011 年 2 月的观测资料进行了 9 个月的单点数值模拟试验，结果表明，CLM3.5 对感热通量的模拟效果较差，对潜热通量的模拟效果较好；李茂善等(2008)利用中尺度模式 MM5V3.7 和 2002 年 8 月 CAMP/Tibet 加强期的观测资料，对藏北高原地区地气交换过程进行了 48h 模拟研究，结果表明，中尺度模式 MM5V3.7 能够较好地模拟藏北高原的地表能量和边界层结构特征，但还需要进一步完善陆面过程和物理过程参数化方案。总体而言，目前对青藏高原地区陆面过程的研究主要是青藏高原北部单站的模拟对比分析。相比较在其他低海拔地区的模式模拟结果，数值模式在青藏高原模拟地表通量方面还存在困难，同时不能充分揭示青藏高原环境条件对陆气相互作用的影响。

1.2.6　青藏高原地气交换过程卫星遥感反演与评估研究

目前对青藏高原地气相互作用的研究处于单点或局地的水平，只有把这些研究结果推广到整个青藏高原区域上，才能真正理解青藏高原地区地气相互作用的实质。正确估算青藏高原非均匀地表区域上能量通量和蒸发(蒸散)量的分布主要有数值模拟和卫星遥感参数化两种方法，但数值模拟在青藏高原模拟地表通量方面存在困难，不能充分揭示青藏高原环境条件对地气相互作用的影响，而卫星遥感结合地面观测推算区域土壤热通量的参数化方案是较好的方法。

在利用 NOAA/AVHRR[①]资料研究非均匀地表区域能量通量和蒸发(蒸散)方面，科学家做了大量卓有成效的工作。中国科学院青藏高原研究所 Ma 等(2002，2003)开发出利用 NOAA/AVHRR 资料估算青藏高原非均匀地表区域能量通量和利用 Landsat-7 ETM 资料估算青藏高原非均匀地表区域能量通量的参数化方案。利用 NOAA-14/AVHRR 资料结合地面观测推算非均匀地表区域能量通量的参数化方案分两步：第一步，由 NOAA-14/AVHRR 资料和地面观测资料，通过辐射传输模式，求得区域上的地表参数和植被参数；第二步，利用已求得的地表参数和植被参数推算出区域土壤热通量。利用 Landsat-7 ETM 资料结合地面观测推算区域土壤热通量的参数化方案也分两步：第一步，由 Landsat-7 ETM 资料和大气与地面观测资料，通过辐射传输模式，求得区域上的地表参数和植被参数；第二步，利用已求得的地表参数、植被参数与近地层和边界层观测得到的地面和大气参数通过混合高度假设(Mason，1988)推算出区域土壤热通量。利用 Landsat-7 ETM 资料结合地面观测推算区域土壤热通量的参数化方法推算得到的试验区土壤热通量、感热通量和潜热通量等与试验区的地表状况相吻合，所得结果基本可信。

---

① NOAA：National Oceanic and Atmospheric Administration，美国国家海洋与大气局；AVHRR：advanced very high resolution radiometer，先进甚高分辨率辐射仪。

总体而言，虽然马耀明已经提出利用 NOAA/AVHRR 和 Landsat-7 ETM 资料结合地面观测估算非均匀地表区域能量通量的参数化方案，但所有得到的结果到目前还只是限于藏北高原中尺度，这种参数化方案在高原西部的适应性有待进一步验证。

1.2.7　存在的问题

藏东南地区地形多尺度特征显著，高山深壑纵横交错，地表特征极为复杂，冰川、河流、湖泊、草原、荒漠、森林等交叉共存，局地小气候丰富多样。藏东南地区特殊复杂的地形、地貌及分布，为数值模式在该地区的应用与发展带来巨大挑战。数值模式是现代天气气候预测预报科研业务应用与发展的重要工具，而青藏高原陆面过程参数化方案则是影响中尺度区域数值模式模拟和预测效率的关键因素之一，也是目前区域数值模式技术最薄弱的环节之一。由于国内使用的各类数值模式大多引用或移植国外推导的陆面过程模式，其物理过程及参数在青藏高原应用的合理性和准确性需要通过观测数据予以检验。例如，目前从国外引进的中尺度区域数值天气模式、区域气候数值模式的陆面过程和行星边界层方案中所使用的参数，其中包含土壤湿度、地表反照率、拖曳系数、地表粗糙度和叶面积指数、感热通量和潜热通量等，以及行星边界层风温廓线分布等，大部分都是由平原地区的观测数值推测或估计得到的，影响了区域数值模式在高原地区对这些重要物理过程描述的准确性。藏东南地区是青藏高原上地形最复杂的区域，数值模式在青藏高原上存在的问题在藏东南地区表现尤为突出，亟待解决。

藏东南地区高原广袤、气候恶劣、生活和工作条件差，该地区地形复杂，高山峡谷巨大的地形高差变化剧烈，观测基础薄弱且观测站的代表性非常差，观测资料在时空密度和要素内容上都远不能满足科研业务的需要。充分开发并利用卫星遥感资料是目前解决该地区资料不足问题的主要途径，然而面对藏东南地区高度非均一性的复杂下垫面情况，高时空分辨率的地面观测资料的缺乏也成为困扰卫星遥感-地面观测再分析技术研究应用的主要问题之一。另外，与地面站点观测资料不同，卫星遥感信息是面观测数据，一个像元观测值对应地面一定范围内的综合状况而非单点情况，面临"点"到"面"的升尺度问题，因此，必须针对卫星遥感观测对应的一个像元范围在地面开展多点同步观测进行"综合"以获取与卫星遥感观测值相匹配的面上数据值。

作为"世界屋脊"的青藏高原，历来都是气象领域关注的重点领域，针对它先后开展了不少地气交换科学试验研究，20 世纪 70 年代开展的第一次青藏高原气象科学试验，在研究青藏高原地气交换过程时指出青藏高原夏季是一个强大的热源，该热源在东亚天气气候的形成中起重要作用。20 世纪末，第二次青藏高原大气科学试验以地气交换为主要研究内容，指出青藏高原地气热量交换在干季以感热通量为主，在湿季以潜热通量为主。在喜马拉雅山中部地区开展的地气交换观测研究表明，青藏高原大型山地中的局地环流在地气交换过程中起重要作用，该地区的地气交换过程明显区别于青藏高原其他地区。世界气象组织（World Meteorological Organization，WMO）和其他国际组织也在青藏高原地区进行过大量有关地气交换的科学试验，如 GAME/Tibet 和 CAMP/Tibet 等。上述大气科学试验给出了对青藏高原不同地区地气交换过程的初步认识。但上述试验多集中在青藏高原地形较为平坦且下垫面较为均匀的地区,对于复杂地形地表状态的藏东南地区涉及较少。同时,以往的试验大多采用较为均匀下垫面区域的单点观测来研究地气交换过程,而对于藏东南地区非均匀下垫面上异常复杂的地气交换过程,仅用单点观测数据不能准确地反映其地气交换过程,必将影响数值模式在该地区的模拟预测能力。

综上所述,藏东南地区是认识青藏高原物质能量交换的关键区域。该地区下垫面具有很强的非均匀性,其地气交换过程异常复杂,现行数值模式参数化方案在该地区存在局限,卫星遥感资料开发应用还有待高时空分辨率的地面观测数据的验证。因此,开展藏东南地区地气交换观测试验研究对于正确认识藏东南复杂下垫面地气交换过程具有十分重要的意义,有利于进行卫星遥感导出资料的可靠性检验,研究成果可为数值模式对地气交换过程的准确模拟提供技术支撑,有利于数值模式模拟预测能力的提高。

第 2 章　藏东南地区复杂下垫面地气
交换过程观测试验

2.1　试验概况

2013 年 4 月中旬，项目组组织科研人员赴藏东南雅鲁藏布江河谷地区开展了实地考察，确定了试验区域、观测时间和观测站点，明确了观测内容。2013 年 5 月 10 日至 7 月 10 日，项目组在雅鲁藏布江河谷 100km² 范围内的复杂下垫面上选取了草地、农田、森林(阴坡、阳坡)、河滩等典型下垫面新增 5 个强化观测站点，并结合已有的林芝机场站(草地)、鲁朗站(森林)和林芝地区气象局站(城镇建筑)3 个不同下垫面站点，开展了为期 2 个月左右的地气交换同步观测试验；同时在雅鲁藏布江河谷草地下垫面上开展每日 2 次的大气探空观测，有效观测期共计 50 天。观测仪器包括大气辐射观测设备(6 套)、自动气象观测设备(4 套)、大气涡度相关观测设备(6 套)、激光雷达设备(1 套)、GPS 大气探空设备(1 套)。观测内容包括近地面气象参数和水热通量、地面至对流层低层(3km 左右)的大气风廓线、地面至平流层低层(25km 左右)大气风温湿垂直结构、近地面大气辐射、土壤温度和土壤通量。同时，在四川省甘孜州甘孜县开展高原草地地气能量交换观测。通过野外观测试验，获得了有关近地面大气过程、近地面大气物质能量交换、大气边界层与对流层结构、土壤能量水分交换等观测数据，整编形成了藏东南地区地气交换过程观测试验数据集，为项目研究奠定了数据基础。

2.2　观测仪器性能参数

1. 自动气象站

数据采集器：QML201。

温湿度传感器：HMP155。温度传感器量程为-80～60℃，准确度为±0.2℃。湿度传感器量程为 0～100%，准确度为±1%。

雨量传感器：QMR101。量程|准确度：24mm/h|±5%、120mm/h|±10%。

风传感器：QMW101-M2。风速量程为 0.5～60m/s，准确度为±0.3m/s，启动风速为 0.3m/s。风向量程为 0°～360°，准确度为 0.3°。

气压传感器：PMT16A。量程为 600～1100hPa，准确度为±0.3hPa。

太阳总辐射传感器：QMS102-M2。灵敏度为 10～35μV/W/m²，量程为 0～2000W/m²，光谱范围为 305～2800nm。

土壤温度传感器：QMT110。量程为-40～60℃，准确度为±0.3℃。

2. 地气能量交换观测系统

数据采集器：CAMPBELL CR3000。

三维超声风速仪：GILL WINDMASTER PRO。风速量程为 0～65m/s，准确度为 1.5%(12m/s)。风向量程为 0～359°，准确度为 2°。声速量程为 300～370m/s，准确度为 0.01m/s。虚温量程为-40～70℃，分辨率为 0.01℃。

水汽二氧化碳分析仪：LI-COR LI-7500A。CO_2 量程为 0～3000μmol/mol，准确度为 1%。H_2O 量程为 0～60mmol/mol，准确度为 2%。

3. 常规气象要素观测

在地气能量交换观测系统上下高度内分别对常规气象进行了观测，第一层距地面 1.5m，第二层距地面 4m。土壤温湿度观测分为 6 层，分别为地面以下 2cm、5cm、10cm、20cm、30cm、50cm。土壤热通量观测分为 2 层，为地面以下 2cm、5cm。

温湿风压一体传感器：GILL METPARK II。温度量程为-35～70℃，准确度为±0.1℃。湿度量程为 0～100%，准确度为±0.8%(23℃)。气压量程为 600～1100hPa，准确度为±0.5hPa。风速量程为 0～60m/s，准确度为±2%(12m/s)。风向量程为 0～360°，准确度为±3°(12m/s)。

辐射传感器：HUKSEFLUX NR01。短波二级太阳总辐射表 LP02 光谱范围为 285～3000 nm，灵敏度为 $15×10^{-6}V/(W·m^2)$。长波辐射表 IR02 光谱范围为 4.5～40μm，灵敏度为 $15×10^{-6}V/(W·m^2)$。操作温度为-40～80℃。

土壤温度传感器：CAMPBELL 109L。量程为-50～70℃，准确度为±0.2℃(0～70℃)。

土壤水势传感器：CAMPBELL CS616-L。准确度为±2.5%VWC，分辨率为 0.1%VWC。

土壤热通量传感器：HUKSEFLUX HFP01。灵敏度为 $50μV/(W·m^2)$，量程为-2000～2000W/m²，准确度为+5%/-15%。

4. 三维风廓线观测

垂直 60 层：100～6000m，垂直间隔 100m。

设备型号：LEOSPHERE WD200。探测范围为地面以上 100～6500m，探测间隔为 1.5s～10min，垂直分辨率为 50m，风速准确度为 0.3m/s，激光波长为 1.54μm。工作环境：温度为-15～40℃，湿度为 10%～100%，电压为 220V，功率为 600W。

5. GPS 探空

北京时间 13:00 和 01:00 释放。

设备型号：VAISALA MW31&RS92。

MW31 地面接收系统。无线频率为 400～407MHz，10kHz 可调，传输距离为 150km(CG31 便携天线)、350km(定向天线)。室内机工作环境：温度 0～45℃，湿度 10%～90%。室外机工作环境：温度-40～55℃，湿度 0～100%，风速 0～65m/s。

RS92 探空仪。温度量程为-90～60℃,准确度为±0.2℃(1080～100hPa[①])、±0.3℃(100～20hPa)、±0.5℃(20～3hPa)。湿度量程为 0～100%,准确度为±2%。气压量程为 1080～3hPa,准确度为±1hPa(1080～100hPa)、±0.6hPa(100～3hPa)。风速不确定性为 0.15m/s。无线频率为 403MHz(400.15～405.9MHz,可调)。

2.3　试验实施情况

2.3.1　试验站点布局

1. 林芝观测试验区

根据林芝地区下垫面类型,分别布设林芝机场、林芝地区气象局、鲁朗站和朗嘎村 4 个观测区,形成对林芝地区雅鲁藏布江河谷复杂下垫面上地气交换的同步综合观测,为研究藏东南地区地气交换特征,分析卫星遥感像元尺度内地面单点监测量与卫星遥感导出量之间的关系,探索卫星遥感反演混合像元内地气交换参数算法局限性提供参考资料。藏东南林芝观测试验区分布如图 2-1 所示。

林芝机场:开展近地层风速、风向、气温、湿度、气压、降水、云型、云量、天气现象、大气垂直廓线观测。

林芝地区气象局:开展近地层风速、风向、气温、湿度、气压、降水、云型、云量、天气现象、大气垂直廓线观测(风温廓线仪、GPS 探空)。

鲁朗站:开展 0～20m 风温湿梯度、长短波辐射收支、湍流通量(感热通量、潜热通量、动量通量)、地表温度、土壤温度、土壤含水量及土壤热通量、气压、降水、云型、云量、天气现象等要素观测。

图 2-1　林芝观测试验区分布图

① 1080～100hPa 表示地表或海平面气压为 1080hPa,某一高度的气压为 100hPa。下文同。

朗嘎村：在该试验区选取草地、农田(麦田)、森林(阴坡和阳坡)、河滩 4 种主要类型的下垫面(图 2-2)，在 $100km^2$ 范围内设立了 5 个强化观测站点，开展湍流通量、长短波辐射收支、地表温度、土壤温度、土壤含水量及土壤热通量、近地层气温、湿度、气压和降水观测，且在草地观测站点增加云型、云量、天气现象、大气垂直廓线观测(GPS 探空)。朗嘎村试验区观测站分布如图 2-3 所示。

图 2-2　朗嘎村试验区下垫面实况

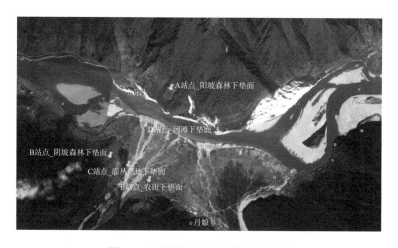

图 2-3　朗嘎村试验区观测站分布图

2. 甘孜理塘观测区

理塘站在四川省甘孜州理塘县境内，位于青藏高原东部高原向平原过渡的区域，下垫面是广袤的高原草甸，可开展近地层 0～60m 风温湿梯度、长短波辐射收支、湍流通量、地表温度、土壤温度、土壤湿度、土壤热通量、气压、降水、云型、云量、天气现象等要素观测，因电力保障问题，项目组决定选择具备高空观测条件的甘孜县气象局业务观测站同步开展通量观测，观测站位于 31°37′N，100°00′E，海拔为 3394.2m，为典型的高原草地下垫面。观测内容主要包括常规地面气象观测、大气探空观测、涡度相关观测、红外温度观测、四分量净辐射观测和地温观测。获得了 2013 年 3 月 21 日至 7 月 20 日的相关观测数据。各观测站点下垫面如图 2-4 所示，各观测站点地理位置、下垫面类型及观测内容如表 2-1 所示。

图 2-4　各观测站点现场照片

表 2-1　观测站点地理位置、下垫面类型及观测内容

站名	纬度	经度	海拔/m	下垫面	观测仪器
草地站	29.4490°N	94.6910°E	2973	草地，附近有稀疏灌丛，草高度约为 0.1m，灌丛高度约为 0.9m	自动气象站，地气能量交换观测系统，风廓线激光雷达，GPS 大气探空系统
森林阳坡站（北坡阔叶林站）	29.4680°N	94.7010°E	3164	阔叶林，附近有灌丛和草，阔叶林树木高度为 2~4m	地气能量交换观测系统
森林阴坡站（西坡阔叶林站）	29.4500°N	94.6860°E	3017	阔叶林，附近有灌丛和草，阔叶林树木高度为 2~4m	地气能量交换观测系统
农田站	29.4460°N	94.6980°E	2960	小麦田，田垄覆盖杂草，试验初期小麦高 0.5m，后期高 0.9m	地气能量交换观测系统
机场站	29.3091°N	94.3456°E	2947	位于林芝米林机场内跑道南侧，人工种植草地	自动气象站，地气能量交换观测系统
河滩站	29.4589°N	94.6947°E	2932	鹅卵石，零星杂草	自动气象站，地气能量交换观测系统
甘孜站	31.6167°N	100.0000°E	3394	高原草地	地气能量交换观测系统
理塘站	30.0000°N	100.2667°E	3920	高原草甸	试验期间系统故障

2.3.2　试验设备架设及观测内容

草地站的风廓线激光雷达主要探测地面以上 100~6000m 的三维风速和激光回波强度，垂直分辨率为 100m，时间间隔为 1min 和 10min；GPS 大气探空系统主要探测地面至球爆高度（大于 20000m）的水平风、温度、湿度、气压和探空仪方位，垂直分辨率小于 20m，时间间隔为 2s；自动气象站主要探测地表温度、1m 高度气压、1.5m 高度太阳总辐射，大气净辐射、温度、湿度和 2.4m 高度水平风，时间间隔为 10min；地气能量交换观测系统主要探测 2cm、5cm、10cm、20cm、30cm、50cm 深度处的土壤温度和土壤湿度，2cm 和 5cm 深度处的土壤热通量，地面以上 1.5m 高度的水平风、温度、湿度、气压、向上/向下短波/长波辐射，地面以上 2.4m 高度的三维风速脉动、水汽脉动、二氧化碳脉动，地面以上 4m 高度的水平风、温度、湿度、气压。

森林阳坡站和森林阴坡站地气能量交换观测系统主要观测树荫下和树荫外 2cm、5cm、10cm 的土壤温度与湿度、树荫下 2cm 和树荫外 2cm 的热通量、树冠以上 1.2m 高度的水平风、温度、湿度、气压、向上/向下短波/长波辐射，树冠以上 2.4m 高度的三维风速脉动、水汽脉动、二氧化碳脉动，树冠以上 2.9m 高度的水平风、温度、湿度、气压。

农田站地气能量交换观测系统主要观测 2cm、5cm、10cm、20cm、30cm、50cm 深度处的土壤温度与湿度，2cm、5cm、10cm、20cm、30cm 深度处的热通量，红外地表温度，地面以上 1.6m 高度的温度、湿度，地面以上 1.7m 高度的向上/向下短波/长波辐射，地面以上 2.3m 高度的三维风速脉动、水汽脉动、二氧化碳脉动、温度、湿度，地面以上 3.1m 高度的水平风。

机场站和河滩站地气能量交换观测系统主要观测地面以上 2.2m 高度的三维风速脉动、水汽脉动、二氧化碳脉动，机场站自动气象站主要观测地表温度，地面以上 1.5m 高度的向上/向下短波/长波辐射，地面以上 1.8m 高度的水平风、温度、湿度、气压。

2.3.3 试验进度

2013 年 4 月 15 日至 2013 年 4 月 18 日，在西藏自治区喜马拉雅山东段雅鲁藏布江河谷林芝段进行预调查，针对前期卫星地面资料选定的草地、森林、河滩等典型地表类型进行实地考察，将卫星资料中草地下垫面分解为草地下垫面和农田下垫面，选定阔叶林下垫面为森林下垫面的代表，选择观测主营地和各典型下垫面的位置，并与当地相关部门商讨观测建站事宜。

2013 年 5 月 18 日，抵达观测营地，建设生活和保障营地，在草地站架设并测试激光雷达和 GPS 大气探空系统，激光雷达和 GPS 大气探空系统工作正常。

2013 年 5 月 19 日，在草地站架设自动气象站、地气能量交换观测系统，经测试设备工作正常，在森林阳坡站架设地气能量交换观测系统，经测试设备工作正常。

2013 年 5 月 20 日，在森林阴坡站和农田站架设地气能量交换观测系统，经测试设备工作正常。

2013 年 5 月 21 日，在机场站架设自动气象站和涡度相关系统，经测试设备工作正常。

2013 年 6 月 8 日，补充架设河滩站自动气象站，经测试设备工作正常。

2013 年 6 月 10 日，补充架设河滩站涡度相关系统，经测试设备工作正常。

2013 年 5 月 20 日，激光雷达开始工作，14:00 测试施放探空仪一次。

2013 年 5 月 21 日至 7 月 9 日为正式观测期，共 50 天。

2013 年 7 月 9 日，拆除河滩站观测设备并装箱，拆除机场站地气能量交换观测系统并装箱。

2013 年 7 月 10 日，拆除草地站、森林阳坡站、森林阴坡站和农田站的观测设备并装箱。

2013 年 7 月 11 日，拆除营地，撤离观测场。

2.3.4 试验仪器设备运行状况

草地站风廓线激光雷达：该设备对工作环境要求较高，林芝地区高湿、高太阳辐射、多雨环境对该设备的正常运转有很大影响。试验初期，激光雷达内部干燥剂失效，雷达窗口有结露现象，影响激光雷达信噪比，降低最大探测高度，2013 年 6 月 4 日更换干燥剂后，解决了此问题；高太阳辐射照射激光雷达壳体，导致雷达温度过高，通过制作反光板，在雷达散热器吸风口放置冰块，避免了雷达过热的问题，但下午太阳辐射较强的时间段，存在数据断点问题；雨水会在激光雷达窗口形成水膜，可影响激光雷达信噪比，降低最大探测高度，自带雨刷在一定程度上改善了该问题，但仍需手工擦拭。试验前，通过测试，选择了合适的信噪比，观测期间试验数据无异常值。

草地站自动气象站：维萨拉(Vaisala)自动气象站，环境适应性较强，试验期间，通过日常维护保证了试验数据无异常值和断点。

草地站地气能量交换观测系统：该设备环境适应性较强，试验期间，进行了日常维护（擦拭辐射计、水汽二氧化碳传感器，检查供电情况），保证了试验数据无异常值和断点，由于降水对超声风速仪和水汽二氧化碳传感器有影响，存在少量异常值。

草地站 GPS 大气探空系统：RS92 探空仪性能稳定，一致性非常好，MW31 探空接收机工作稳定。试验期间，施放 102 个探空仪，获取 100 个时次的探空曲线，成功率为 98%。2013 年 5 月 26 日 14 时次，绑绳磨损，探空仪从气球上掉下来，通过补放，获取了该时次资料；6 月 23 日 2 时次，出现断电故障，补放成功。

森林阳坡站地气能量交换观测系统：2013 年 5 月 24 日开始，H_2O 和 CO_2 的检测数据出现问题。同时发现感热通量、潜热通量、气压、H_2O 和 CO_2 均无检测值。5 月 26 日换卡时发现重新连接 LiCor7500 电源后，数据正常。6 月 2 日换卡时，拔掉 LI-7500A 电源仍然无值。6 月 4 日插 USB 到 LI-7500A 的数据采集器，单独采集 H_2O 和 CO_2 数据，6 月 8 日之后设备工作正常。设备故障原因是 LI-7500A 数据电缆航空插头接触不良，通过多次插拔后，该故障消失，由于该站距离营地较远，不能随时进行维护，该航空插头故障也可能与附近村民或牲畜活动有关。

森林阴坡站地气能量交换观测系统：2013 年 6 月 17 日 17:46 发现地下 10cm 处的温度传感器露出地表，可能是附近村庄牛羊走过时绊到牵出。

农田站地气能量交换观测系统：2013 年 6 月 1 日换卡时擦拭水汽和二氧化碳传感器，前后测量值差别较大。之后注意擦拭该传感器。

机场站地气能量交换观测系统：数据采集器时钟异常，出现走慢现象。试验后检测发现是数据采集器的时钟电池没电了。

甘孜站设备运行正常。

2.4 试验数据采集

2.4.1 草地站

风廓线激光雷达采集的数据：地面以上 100～6000m，垂直分辨率为 100m，时间间隔为 1min 和 10min。探测参数：三维风速、激光回波强度。

GPS 大气探空系统采集的数据：地面至球爆高度（大于 20000m），垂直分辨率小于20m，时间间隔为 2s。探测参数：水平风、温度、湿度、气压、探空仪方位。

自动气象站采集的数据：时间间隔为 10min。探测参数：地表温度，1m 高度的气压，1.5m 高度的太阳总辐射、大气净辐射、温度、湿度，2.4m 高度的水平风。

地气能量交换观测系统采集的数据：土壤温度（2cm、5cm、10cm、20cm、30cm、50cm）、土壤湿度（2cm、5cm、10cm、20cm、30cm、50cm）、土壤热通量（2cm、5cm），地面以上1.5m 高度的水平风、温度、湿度、气压、向上/向下短波/长波辐射，地面以上 2.4m 高度的三维风速脉动、水汽脉动、二氧化碳脉动，地面以上 4m 高度的水平风、温度、湿度、气压。

2.4.2　森林阳坡站

地气能量交换观测系统采集的数据：土壤温度(树荫下 2cm、5cm、10cm，树荫外 2cm、5cm、10cm)、土壤湿度(树荫下 2cm、5cm、10cm，树荫外 2cm、5cm、10cm)、土壤热通量(树荫下 2cm，树荫外 2cm)，树冠以上 1.2m 高度的水平风、温度、湿度、气压、向上/向下短波/长波辐射，树冠以上 2.4m 高度的三维风速脉动、水汽脉动、二氧化碳脉动，树冠以上 2.9m 高度的水平风、温度、湿度、气压。

2.4.3　森林阴坡站

地气能量交换观测系统采集的数据：土壤温度(树荫下 2cm、5cm、10cm，树荫外 2cm、5cm、10cm)、土壤湿度(树荫下 2cm、5cm、10cm，树荫外 2cm、5cm、10cm)、土壤热通量(树荫下 2cm，树荫外 2cm)，树冠以上 1.2m 高度的水平风、温度、湿度、气压、向上/向下短波/长波辐射，树冠以上 2.4m 高度的三维风速脉动、水汽脉动、二氧化碳脉动，树冠以上 2.9m 高度的水平风、温度、湿度、气压。

2.4.4　农田站

地气能量交换观测系统采集的数据：土壤温度(2cm、5cm、10cm、20cm、30cm、50cm)、土壤湿度(2cm、5cm、10cm、20cm、30cm、50cm)、土壤热通量(2cm、5cm、10cm、20cm、30cm)、红外地表温度(麦田小麦 5 月 21 日高 0.5m，7 月 9 日高 0.9m)，地面(农田地面)以上 1.6m 高度的温度、湿度，地面以上 1.7m 高度的向上/向下短波/长波辐射，地面以上 2.3m 高度的三维风速脉动、水汽脉动、二氧化碳脉动、温度、湿度，地面以上 3.1m 高度的水平风。

2.4.5　机场站

涡度相关系统采集的数据：地面以上 2.2m 高度的三维风速脉动、水汽脉动、二氧化碳脉动。

自动气象站采集的数据：地表温度，地面以上 1.5m 高度的向上/向下短波/长波辐射，地面以上 1.8m 高度的水平风、温度、湿度、气压。

2.4.6　河滩站

涡度相关系统采集的数据：地面以上 2.2m 高度的三维风速脉动、水汽脉动、二氧化碳脉动。

自动气象站采集的数据：地表温度，地面以上 1.5m 高度的向上/向下短波/长波辐射，地面以上 1.8m 高度的水平风、温度、湿度、气压。

2.4.7 甘孜站

2013 年 3 月，在川西高原甘孜县气象局气象观测场架设一套涡度相关观测设备，作为本次野外观测试验的补充观测，获取了 2013 年 3 月至 2013 年 7 月甘孜站涡度相关和风、温、湿、压等常规气象观测数据。

2.5 涡度相关通量数据整编

以湍流传输理论为基础的涡度相关技术作为直接测定植被-大气之间 CO_2、H_2O 和能量通量的标准方法，越来越广泛地应用于植被-大气间动量和能量通量的观测，在多数研究中，都是将涡度相关观测技术作为一种标准值，将其他的方法与它进行比较。涡度相关观测技术是通过测定大气的物理量与垂直风速的协方差来计算湍流通量的一种方法，其计算公式建立在一系列假设的基础上，现实中常常不能满足其假设条件，如果不进行必要的修正，则获得的通量数据会带有较大的偏差。国内外大批学者对涡度相关观测数据进行研究，得出了一系列有效的质量控制方法和质量评价标准，但数据处理方法的差异会导致感热通量和潜热通量的计算结果存在明显的差异，数据处理中的误差修正也不能完全解决能量不闭合问题。

2.5.1 通量数据剔除和插补

在实际观测中，由于传感器故障、降水和断电等原因，不可避免地会出现缺测和不合理的数据，因此筛选和剔除这些数据是首要的基本工作。首先检查超声风速仪和红外气体分析仪的采样数，如果参与 30min 通量计算的 10Hz 数据少于 15000 个，则对应时刻的通量数据应剔除。接着检查自动增益控制（automatic gain control，AGC）值，如果大于某一阈值，则表示传感器受到污染，对应时刻的通量数据应剔除；降水时段内计算的通量数据也要剔除；夜间稳定的大气层结会使涡度相关技术低估夜间通量，目前多数研究者利用夜间湍流通量与摩擦风速（u^*）的关系来剔除夜间弱湍流交换下的通量值；采取方差检验的方法剔除野值。被剔除的数据按缺测数据处理，国际通量网数据缺测率的平均值为 35%。

对缺测数据插补主要有平均日变化法和查表法。平均日变化法是用相邻几天同时刻数据的平均值替补丢失数据。使用此方法的最大不确定性在于所求取平均时间段的长度不同，一般白天取 14 天、夜间取 7 天的平均时间长度时偏差最小。查表法考虑环境因子对地气间物质交换的影响，选择合适的环境驱动变量将通量逐次排序，然后依据一定的步长分割成若干小区间，认为在环境条件相近的每个小区间内通量相等，这样区间内空缺的通量值可以用该区间内已有观测值的平均值代替。查表法是生态系统能量通量标准插补方案的首选方案，查表法在不同的数据缺失时插补效果都较好。

缺测和被剔除的通量数据一般根据下述方法进行插值：小于 2h 的数据空缺用线性外推法插补，大于或等于 2h 的数据空缺用查表法插补。对于没有平均值的分组按组间的线性内插法插值，该方法需要有时间序列完整的气象数据，缺失的气象数据利用该因子与其他气象因子的相关性进行插补，如果缺失数据不超过 3 个则可用线性内插法插补。

2.5.2　通量数据质量控制

涡度相关技术存在许多理论和技术上的问题没有得到很好的解决。从较早时期的气温/水汽脉动校正开始，涡度相关通量修正，特别是夜间通量偏低估计的问题一直是学界探讨的重点。导致上述问题的原因主要有两类：一类是测量仪器和原理本身的局限，如频率响应局限和平流损失造成涡度通量低估；另一类是环境干扰，如超声风速仪倾斜和地表均一性差等因素。为了能够进行通量站点间比较和全球尺度的综合分析，必须进行涡度相关通量数据质量的分析与控制。

1. 倾斜校正

涡度相关技术是测量地气交换的标准方法，但仍然存在一定的误差和不确定性。用涡度相关技术测量下垫面地表通量的一个很重要的假设是：在某一段时间内，平均垂直风速为零。为了迫使平均垂直风速为零，利用坐标系统变换方法来校正原有的通量结果是目前普遍采用的方法。Wilczak 等 (2001) 分析了多种坐标系统转换方法的优缺点，认为流线坐标系统是一个比较好的选择。利用该坐标系统进行坐标变换的方法主要有两类：一类叫分时段独立旋转法，另一类叫平面拟合法。分时段独立旋转法以大地坐标下的三维平均风速为依据进行旋转，每个时段的旋转方向和角度是不一样的。根据旋转的次数不同，分为两次旋转法和三次旋转法，但分时段独立旋转法在低风速下存在很大的不确定性。平面拟合法就是根据多个短时段的三维风速资料拟合得到一个虚拟平面，在这个平面上，总体的平均垂直风速为零，该方法适用于下垫面和仪器倾角相对稳定的情况。Wilczak 等 (2001) 提出了用来估计单个平均周期的平均垂直风速的平面拟合倾斜校正途径。平面拟合法在一定程度上可以认为是坐标旋转法的简化形式，在各向均匀或有规律变化的下垫面中使用效果比较好，但仍需要在复杂地形下对其进行测试。

2. WPL(Webb-Pearman-Leuning)校正

当用涡度相关技术观测 CO_2 等微量气体成分的湍流通量时，需要考虑因热量或水汽通量的输送引起的微量气体的密度变化。如果测量的是某气体成分相对于干空气混合比的脉动或混合比的平均梯度变化，则不需要任何校正。如果测量的是某气体成分相对于湿空气的质量混合比，则需要对热量和水汽通量的影响进行校正。如果直接在大气原位置测量某组分的密度脉动或平均梯度，则需要分别对热量和水汽通量的影响进行 WPL 校正。WPL 校正主要是根据温度和湿度的脉动用 WPL 算法计算出平均垂直风速和 CO_2 密度的乘积。对于涡度相关通量观测中普遍存在的夜间 CO_2 涡度相关通量偏低问题，WPL 校正没有帮助，夜间涡度相关通量观测数据最好能结合箱式法观测结果进行校正。

3. u^*订正

夜间 CO_2 湍流通量观测数据质量明显降低，这主要是因为在夜间稳定的大气层结条件下，涡度相关技术不能测定非湍流过程的通量。夜间这种非湍流过程对净生态系统 CO_2 交换量的影响更为显著，即使考虑了 CO_2 湍流通量的储存效应，涡度相关技术测定的 CO_2 湍流通量也可能会低估净生态系统的 CO_2 交换量。夜间摩擦风速 u^* 与 CO_2 释放量间存在明显的相关关系可以证明上述问题的存在。在稳定大气条件下，夜间通量低估的现象在很多生态系统中被发现。

对于这一夜间低估的现象，通常根据摩擦风速 u^* 的值来判断大气的稳定条件。通常认为 u^* 小于某一阈值则为稳定大气条件，剔除这些 u^* 小于阈值的 CO_2 湍流通量，然后用 u^* 大于阈值的通量数据与温度建立经验方程对剔除数据进行插补，即为 u^* 订正。然而，阈值的确定存在很多质疑，因为 u^* 选择的不同会导致年碳交换估算的不同，甚至改变生态系统碳交换的方向。u^* 阈值通常是根据夜间 CO_2 湍流通量与 u^* 关系的散点图来确定的，当 u^* 大于某一值，CO_2 湍流通量不再随 u^* 变化时，这个值被定为 u^* 的阈值，但是这个方法缺乏一定的标准，并带有很大的主观性。

2.5.3   通量数据质量评价

1. 通量贡献区(footprint)评价

植被-大气间湍流通量测定的目的是获得能够反映下垫面对 CO_2、H_2O 和能量交换通量的影响的信息，观测塔所观测的通量数据表示的是通量贡献区内的平均状况。对于面积足够大、下垫面均一的生态系统而言，来自各方向的通量是相同的，因此通过对冠层上方湍流通量的测定，可以很方便地推算出净生态系统交换量，其涡度相关通量观测值可以反映生态系统平均且真实的净生态系统交换量(net ecosystem exchange，NEE)。但是由于生态景观的破碎化以及地形因子的影响，一般的生态系统多为斑块形的镶嵌结构，对于这种植被下垫面，如何准确、客观地分析与解释观测数据的空间代表性是通量观测研究中还没有解决好的重要问题。因此深入地了解通量观测塔的代表性和观测塔周围的空间变异性，定量评价贡献区的大小和空间分布、CO_2 湍流通量的来源，是评价通量观测数据的区域代表性、尺度转换与过程机理研究的基础。

通量贡献区的作用是确认观测到的通量信息是否能够代表我们关注的区域。关于通量贡献区的计算有很多解析模型。应用涡度相关系统观测的湍流信息和常规气象的风、温、湿廓线信息，可以计算不同大气稳定条件下的通量贡献区，在不稳定条件下，大气垂直运动剧烈，物质垂直输送很快，传感器测得的通量信息来源于距迎风风向较近的地方，源区面积小；而稳定条件下，湍流活动弱，物质垂直扩散缓慢，通量信息来源于较远的地方，源区面积大。

2. 谱分析

涡度相关系统对观测信号高频段的响应能力由仪器的反应时间决定，对低频信号的完全捕捉由通量计算的平均时间决定，判断频率范围及确定平均时间的方法是对各变量与垂直风速的协方差进行频谱分析。确定不同变量的功率谱在惯性子区的斜率对于确定涡度相关系统仪器响应能力具有重要的意义，协谱分析可以确定不同频率的垂直风速和变量对湍流通量的总体贡献，也是校正由仪器本身条件限制产生通量低估的基础。国内外科学家一直致力于认识了解各种条件下的湍流谱特征，国内的一些学者利用试验资料得到了我国西北戈壁和淮河流域的湍流谱特征。湍流积分统计特性可以作为涡度相关技术湍流通量数据质量分析与控制的可靠标准，如果湍流方差相似性关系的观测值与模拟值相差不超过30%，可以认为湍流通量数据质量是令人满意的。

3. 能量闭合

根据热力学第一定律，通量观测站无论在生态学和气候学上存在怎样的差异，生态系统内的能量都应该是守恒的。因此，对不同通量站点的能量闭合程度进行分析成为检验数据质量的有效手段，但是对于这种方法能否用于实际的数据校正在学术界还没有形成共识。如果显热通量和潜热通量的总和与有效能量平衡，则可以认为观测的数据质量是令人满意的。但在许多研究站点中，普遍存在能量不闭合现象，不闭合程度通常为10%~30%。引起能量不闭合的原因有很多，国际上对通量观测过程中出现能量不闭合的原因给出了很多的理论理解，如取样误差、仪器系统误差、高频和低频通量成分的损失、能量平衡方程中相关能量项的忽略、平流效应等。这些原因有的与涡度相关系统有关，有的则无关。因此，能量平衡闭合检验仅仅可以作为数据质量评价的参考标准之一，而不能作为涡度相关观测站点数据质量评价的绝对标准并用于数据校正。

2.6　小　结

通过现场考察与理论分析相结合，设计了藏东南地区复杂下垫面地区地气交换多点组网同步观测试验方案，并成功持续开展了近2个月的地气交换过程野外观测试验，为本书研究提供了基础数据保障。观测仪器包括大气辐射观测系统、自动气象观测设备、大气涡度相关观测设备、激光雷达设备、GPS大气探空设备。观测内容包括近地面气象参数和水热通量，地面至对流层低层的大气风廓线，地面至平流层低层大气风、温、湿的垂直结构，近地面大气辐射，土壤温度和土壤通量。通过观测试验，获得了有关地面气象过程、近地面大气物质能量交换、大气边界层与对流层结构、土壤能量水分交换等观测数据，建立了涡度相关观测数据前期处理运算系统，完成了通量观测资料数据的剔除和插补工作，采用倾斜校正、WPL校正和u^*订正等方法开展了数据质量控制，采用通量贡献区评价、谱分析以及能量闭合等方法对观测数据进行了质量评价，形成了藏东南地区地气交换多点组网同步观测试验数据集。

第3章 藏东南地区复杂下垫面地气
交换过程特征分析

地表能量平衡和辐射平衡是陆面过程和陆气相互作用研究的主要内容，也是陆地表面能量、水分转换及循环的主要环节。不同地点的地表辐射平衡具有不同时空尺度的分布，不仅能反映当地气候特点和变化，为天气、气候和水文等各类型地球科学数值模式的陆面参数定量化提供可能，也为改善数值模式模拟精度、增强模拟能力和科学性奠定基础。20世纪中期以来，国际科学界开始致力于不同下垫面地表辐射平衡及陆面过程的观测和试验研究，国外主要围绕湿润地区的森林、农田以及半干旱地区的草原开展相关工作。国内则主要围绕青藏高原和西北干旱区开展相关工作，并在高原能量收支、辐射平衡及各分量、热源强度以及地气相互作用的物理过程等方面取得了丰硕的研究成果。青藏高原通过大范围复杂的地气相互作用，对全球气候、东亚大气环流以及我国灾害性天气和气候的发生产生重要的影响。众所周知，陆面过程各分量在陆地表面存在非均匀性，藏东南地区是南亚气候系统与青藏高原相互作用的关键区，是影响青藏高原水热平衡的关键区，但目前关于藏东南地区地表辐射平衡变化特征的研究很少。本章在藏东南地区地气交换观测试验的基础上，着重分析典型晴天和阴天条件下藏东南地区不同下垫面辐射过程、能量收支和湍流热通量能量分配的特征及其差异，依据观测试验资料计算该地区地气交换参数，研究藏东南地区地气交换过程与南亚夏季风的关系，为藏东南地区遥感反演模型构建与验证提供地面分析资料，为数值模式陆面过程及参数化方案优选改进提供基础信息。

3.1 藏东南地区基本气象要素的变化特征

3.1.1 藏东南地区气温的变化特征

利用藏东南地区 14 个气象站 1961~2012 年的月平均气温资料，采用曼-肯德尔（Mann-Kendall，MK）检验方法分析藏东南地区气温的长期变化趋势。结果表明，藏东南地区气温的变化趋势与全球变暖趋势一致，该地区气温总体表现出明显升高的变化趋势，且气温升高速率明显高于中国乃至世界的其他地区，其中以冬季增温趋势最为显著，该地区年平均气温升高速率为 0.0247℃，冬季平均气温升高速率为每年 0.0353℃。藏东南地区平均气温随海拔增高而明显下降，而复杂地形对于该地区气温趋势变化的影响较海拔变化的影响更为显著，进一步揭示了复杂地形对于区域局地气候影响的重要性。

3.1.2　藏东南地区降水的变化特征

基于藏东南地区 1961～2012 年 14 个气象观测站月降水量和降水日数资料,利用 MK 检验方法对藏东南地区降水时空变化特征进行了系统分析。

研究表明,藏东南地区降水量总体呈增加趋势且具有强烈的时空变化特征,除夏季外藏东南地区年、季降水量均呈现增加趋势,其中年降水量增加率达每年 1mm。从季节变化来看,春季降水量呈显著增加趋势并通过了信度 99%的显著性检验,而夏季降水量则是通过了信度 95%的显著性水平呈显著下降趋势。研究还发现,藏东南地区降水量变化与高程变化并无明显相关性,而在该地区降水量的变化则与该地区复杂的地形特征密切相关,只要处在水汽输送通道上则不论海拔高低都存在丰沛的降水量。降水量增加或减小的年变化率的最大值均出现在该地区的降水高值区,且青藏高原主体或接近青藏高原主体的地区降水量则增加更显著。

藏东南地区春季降水日数表现出显著的增加趋势且通过了信度 95%的显著性检验,而年和其他季节降水日数变化趋势并不明显且均未通过显著性检验。该地区年降水日数变化率为每百年增加 6.85 天,而春季变化率最大达每百年增加 7.13 天。同时,研究还发现该地区降水日数及变化趋势在空间上具有明显的区域分界特征,怒江成为该地区降水日数大小的分界线,怒江西岸站点降水日数总体大于怒江东岸站点;而 N30°纬线则成为降水日数变化趋势的分界线,降水日数增加的站点主要位于 N30°以北,而降水日数减少的站点则主要位于 N30°以南。

3.1.3　藏东南地区风场的变化特征

采用 2009 年林芝机场场区测风仪和风廓线仪的观测资料,将测风仪和风廓线仪观测的风场沿河谷走向(北偏东 54°)进行分解,定义沿河谷由西南向东北的气流(西南风)为轴向风;正交于河谷由东南向西北的气流(东南风)为法向风。本节分析了藏东南地区雅鲁藏布江河谷中林芝机场低层风场垂直结构及变化特征。

在风场垂直结构日变化特征方面,雅鲁藏布江河谷内轴向风具有明显的日变化,夜间和上午轴向风较弱、下午较强。河谷外轴向风可以分为两层,较低层次的轴向风较弱,明显受到河谷内轴向风日变化的影响;较高层次的轴向风较强,但与较低层次的轴向风以及河谷内轴向风的日变化规律完全不同。因此,认为该地区雅鲁藏布江河谷内轴向风与高层风场之间没有直接动量关联。雅鲁藏布江河谷内,夜间和上午法向风较弱,10:00 以后法向风逐渐增强,午后形成风速大于 6.5m/s 的大风。午后强法向风的形成可能与观测站邻近的雅鲁藏布江支流河谷中“山谷风-冰川风复合环流”有关。林芝机场所处的雅鲁藏布江河谷外,法向风日变化规律与河谷内截然不同,可能与翻越喜马拉雅山的过山气流有关。

在风场垂直结构季节变化特征方面,雅鲁藏布江河谷内与地面轴向风的季节变化一致,夏、秋季(6～10 月)风速较小,冬、春季(11 月至次年 5 月)风速较大。河谷以外轴向风季节变化与河谷内轴向风明显不同。河谷以外 1000～1800m 高度,除 7 月以外,各季节整层轴向风较弱。1800m 高度以上,轴向风受大尺度环流控制。雅鲁藏布江河谷内和地面法向风季节变化较为一致,秋、冬、春季法向风较强,夏季稍弱。河谷外法向风季节变化较大,与河谷内法向风季节变化差异较大。雅鲁藏布江河谷内风场变化规律与河谷外高层风场间存在显著差异,两者间没有明显的动力学联系。

在低空风的强垂直切变方面,低空风的强垂直切变威胁具有明显的日变化特征。低空风的强垂直切变出现的高频率时段为下午和傍晚,低频率时段为夜间至上午。下午和傍晚,中度顺风垂直切变每小时出现频率大于 10.0%,强顺风垂直切变接近或超过 2.0%,严重顺风垂直切变大于 0.5%;夜间至上午,中度顺风垂直切变每小时出现频率通常在 3.0%左右,强顺风垂直切变低于 0.5%,严重顺风垂直切变几乎为 0。下午和傍晚,中度侧风垂直切变每小时出现频率高于 15.0%,强侧风垂直切变高于 5.0%,严重侧风垂直切变通常大于 1.0%;夜间至上午,中度侧风垂直切变每小时出现频率通常低于 4.0%,强侧风垂直切变为 0.2%左右,严重侧风垂直切变几乎为 0。

除夏季少数月份外,中度强顺风垂直切变每月的出现频率接近或大于 5.0%;除 8 月外,强顺风垂直切变每月的出现频率大于 0.5%,严重顺风垂直切变大于 0.2%;各月最大顺风垂直切变均达到 7.5m/(s·30m)。除 8 月外,中度侧风垂直切变每月的出现频率大于 8.0%,强侧风垂直切变超过 1.0%;除 7 月、9 月外,严重侧风垂直切变每月的出现频率大于 0.5%;除 8 月外,各月最大侧风垂直切变均大于 9.0m/(s·30m)。中度顺风垂直切变出现频率为 7.2%,强顺风垂直切变为 1.0%,严重顺风垂直切变为 0.2%,最大顺风垂直切变为 13.4m/(s·30m);中度侧风垂直切变出现频率为 10.0%,强侧风垂直切变为 1.9%,严重侧风垂直切变为 0.6%,最大侧风垂直切变为 16.0m/(s·30m)。

3.2 藏东南地区复杂下垫面辐射收支特征分析

3.2.1 地表辐射分量间的关系

太阳辐射穿过大气层,经大气吸收、散射和云的反射衰减后到达地面,到达地面的太阳辐射有一部分被地表吸收,同时有一部分被反射出去,其中被地面反射的那部分辐射称为反射辐射。太阳辐射通过照射地面使地面升温,地面向大气发射长波辐射,大气层也向下反射长波辐射,长波辐射包括地面放出的长波辐射和大气逆辐射两个分量。地表净辐射 R_n 是各个辐射分量的综合结果,其大小和变化受到各个辐射分量的共同制约。由边界层辐射平衡理论,净辐射 R_n 可用下式计算:

$$R_n = (DR - UR) + (DLR - ULR)$$

式中,按传播方向、波长和物理意义划分,DR 为向下短波辐射,UR 为向上短波辐射,DLR 为向下长波辐射,ULR 为向上长波辐射,单位均为 W/m²。可以看出,地表辐射平衡包括净短波辐射和净长波辐射,两者共同影响地表能量收支的辐射过程。

3.2.2 总辐射

总辐射为穿过大气层,经大气吸收、散射和云的反射衰减后到达地面的太阳辐射。总辐射受太阳高度角、大气清洁度及日照时间的影响,但具体到局部地区,下垫面性质会影响局部大气中的水汽、云量以及气溶胶等对总辐射的削弱效应。

图 3-1 给出了典型晴天(6 月 10 日)和阴天(6 月 10 日)条件下 4 种下垫面上总辐射的变化特征。可以看出,在天气持续晴好的条件下,不同下垫面总辐射均呈现出明显的日变化规律,其日变化非常标准。总辐射值白天大于夜间,白天 7:00 前后总辐射值开始增大,中午时分最大,之后逐渐减小,20:30 接近 7:00 的水平,夜间 20:30 以后到第二天凌晨 7:00 的总辐射值变化很小,表现为典型的光滑抛物线。从总辐射日峰值来看,草地、农田、阳坡和阴坡总辐射的日峰值分别为 1117W/m²、1137W/m²、1130W/m² 和 1155W/m²,下垫面类型对总辐射日峰值的影响不大。青藏高原地区瞬时总辐射通量大于太阳常数的现象已有很多观测事实,但在本观测期间没有发现超太阳常数(日峰值为 1353W/m²)的记录。从总辐射日均来看,草地、农田、阳坡和阴坡总辐射日均值分别为 387W/m²、394W/m²、377W/m² 和 380W/m²。总体来看,该地区天气状况良好,其总辐射值远大于华南湿润地区,也大于青藏高原北部和西北敦煌地区,属于我国太阳辐射能分布的高值区。

在典型阴天的情况下,不同下垫面地表总辐射的日变化比较混乱。总辐射值白天大于夜间,白天 7:00 前后总辐射开始增大,但增大速率明显小于晴天天气,到 14:00 左右急剧增大到晴天水平,最终导致不同下垫面总辐射日峰值与典型晴天天气下的总辐射日峰值差值不大(可能原因在于 14:00 左右天空开始放晴),之后逐渐减小,20:30 接近 7:00 的水平,夜间 20:30 以后到第二天凌晨 7:00 的总辐射变化很小。由于受到云遮盖等的影响,草地、农田、阳坡和阴坡总辐射日均值较晴天显著减小,分别为 144W/m²、151W/m²、139W/m² 和 145W/m²,仅为典型晴天天气总辐射日均值的 37% 左右,不同类型下垫面之间的差异不大。总体而言,下垫面总辐射主要受天气条件的影响,由于同类下垫面的面积不够广阔且影响总辐射的局地因素较多,很难评估下垫面性质对总辐射的影响。

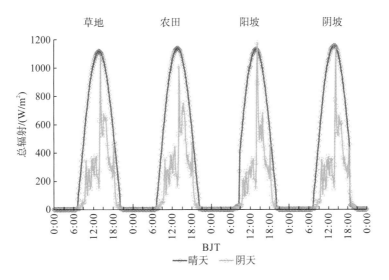

图 3-1　不同天气条件下各下垫面上总辐射的变化特征

注: BJT 横坐标表示北京时间。

3.2.3 反射辐射

到达地面的太阳辐射有一部分被地表吸收，同时有一部分被反射出去，其中被地面反射的那部分辐射称为反射辐射。与总辐射不同，地表反射辐射除受到纬度和天气状况的影响，还与地表属性关联密切。

图 3-2 给出了典型晴天和阴天条件下 4 种下垫面上反射辐射的变化特征。可以看出，在天气持续晴好的条件下，草地、阳坡和阴坡上的反射辐射的日变化趋势与总辐射变化一致，形态上表现为典型的单峰对称日变化，这是因为地表反射辐射与太阳总辐射和地表反照率有关，而在短期观测中，地表反照率变化不大。由于不同下垫面的反射特性差异明显，其变化曲线比总辐射离散。农田下垫面的反射辐射则表现为双峰曲线，在 13:30 左右出现反射辐射的相对低值，其可能原因在于 13:30 左右，农田南面山峰的阴影已经部分覆盖在农田上，导致出现反射辐射的低值，而后阴影部分移开，农田下垫面反射辐射的变化趋势继续与总辐射保持一致。从反射辐射日峰值来看，典型晴天天气下草地、农田、阳坡和阴坡反射辐射的日峰值分别为 197W/m²、151W/m²、135W/m² 和 163W/m²，在总辐射强度基本一致的情况下，不同下垫面的反射辐射仍然有很大差别，表明下垫面类型对反射辐射日峰值的影响较大，这也是地面温度分布不均匀的原因之一。草地、农田、阳坡和阴坡反射辐射的日均值则分别为 71W/m²、64W/m²、46W/m²、57W/m²，分别占总辐射的 18.3%、16.3%、12.2% 和 15%，由于草地下垫面植被比较少，地表比较干燥，导致其地表反照率较大。

在典型阴天的情况下，不同下垫面地表反射辐射的日变化比较混乱，与总辐射的变化趋势相似。不同下垫面反射辐射日峰值与典型晴天天气下的反射辐射日峰值差值不大，典型阴天天气下草地、农田、阳坡和阴坡反射辐射的日峰值分别为 181W/m²、143W/m²、102W/m² 和 136W/m²，典型晴天和阴天条件下草地、农田、阳坡和阴坡反射辐射的日峰值的差值分别为 16W/m²、8W/m²、33W/m² 和 27W/m²，其差值随下垫面植

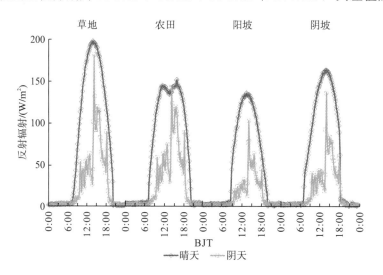

图 3-2 不同天气条件下各下垫面上反射辐射的变化特征

被高度的增加而增大，表明下垫面类型对地表反射辐射有很大影响。草地、农田、阳坡和阴坡反射辐射的日均值分别为 25W/m²、26W/m²、13W/m²、18W/m²，较典型晴天天气反射辐射明显减小，仅为典型晴天天气地表反射辐射值的 35%、41%、28%和32%，分别占总辐射的 17.4%、17.2%、9.4%和12.4%，表明阴天地表反射辐射减小受总辐射和下垫面状况的综合影响。

3.2.4 长波辐射

长波辐射包括地面放出的向上的长波辐射和向下的长波辐射两个分量，是地面辐射平衡和地面热源(汇)的两个重要的分量。地面长波辐射主要由地表温度决定，此外，地表长波辐射还与下垫面的颜色有关，颜色越深发射率越高。向下的长波辐射与气温和大气水汽含量有密切关系，其大小取决于大气层的温度和湿度的垂直分布，并且和云量、云状和云底温度有着密切关系。

图 3-3 给出了典型晴天和阴天条件下 4 种下垫面上长波辐射的变化特征。可以看出，在天气持续晴好的条件下，草地、农田、阳坡和阴坡下垫面向上长波辐射均是上午在日出后增加较快，16:00~17:00 达到日最大值，下午减小相对较慢，傍晚日落后缓慢减小，到次日日出前达到最小值，日变化呈不对称分布。同向上长波辐射相比较，向下长波辐射的日变化特征有非常大的差别，主要表现为：一是日变化振幅要小得多；二是在白天日变化的趋势相差很大。向上长波辐射日变化幅度和量值都大于向下长波辐射，草地、农田、阳坡和阴坡向上长波辐射的日峰值分别为 524W/m²、466W/m²、500W/m² 和 488W/m²，不同下垫面的峰值出现在 16:00~17:00，落后于总辐射 3 个小时左右，这是因为向上长波辐射直接受到地表温度单一因子的控制，而地表温度对太阳总辐射有一定的响应时间。草地、农田、阳坡和阴坡向下长波辐射的日峰值分别为 278W/m²、310W/m²、277W/m² 和 287W/m²，此处统计的是各下垫面 17:00 左右的最大值，由图 3-3 可以看出，在 0:00 各下垫面出现向下长波辐射的极大值，该值反映的是前一天的辐射状况，并不能代表 6 月 10 日各下垫面真实的向下长波辐射。不同下垫面向上长波辐射日峰值的最大差值为 58W/m²，而向下长波辐射日峰值的最大差值仅为 33W/m²，向下的长波辐射与气温和大气中的水汽含量有密切关系，受下垫面的影响很小。

在典型阴天的情况下，不同下垫面长波辐射的日变化与典型晴天之间存在显著差异。由图 3-3 可以看出，在典型阴天的情况下，不同下垫面向上长波辐射日变化在形态上与典型晴天的形态基本一致，但比较离散，日峰值和日均值也显著减小。典型阴天草地、农田、阳坡和阴坡向上长波辐射的日峰值分别为 451W/m²、414W/m²、417W/m² 和 409W/m²，与典型晴天的差值分别为 73W/m²、52W/m²、83W/m² 和 79W/m²，农田下垫面差值最小，可能原因在于农田下垫面受人为活动的干扰，在晴天其土壤含水量相对比较高，向上长波辐射偏小，最终导致阴天与晴天的差值比较小。在典型阴天的情况下，不同下垫面向下长波辐射日变化与典型晴天存在明显差异。典型阴天条件下，草地、农田、阳坡和阴坡向下长波辐射的日峰值分别为 387W/m²、366W/m²、378W/m² 和 377W/m²，明显比典型晴天天气大，其原因在于阴天天空云量较典型晴天云量多，大气中的水汽含量也比较大，导致阴天情况下向下的长波辐射值偏大。不同类型下垫面之间的差异很小，表明下垫面类型对向下长波辐射基本上没有影响。

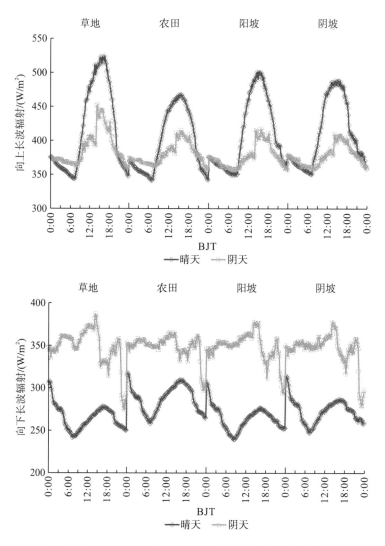

图 3-3　不同天气条件下各下垫面上长波辐射的变化特征

3.2.5　净辐射

地表净辐射是表征地表辐射交换的特征量，其定义为地表所吸收的短波辐射和地面放出的长波辐射之差，是各个辐射分量的综合结果，其大小和变化受到各个辐射分量的共同制约。下垫面水热和光学特性是其主要的影响因子之一，下垫面的反射特性直接决定了地表对太阳短波能量的收支，其水热特性与地表的长波辐射收支密切相关。

图 3-4 给出了典型晴天和阴天条件下 4 种下垫面上净辐射的变化特征。可以看出，由于地面净辐射受太阳总辐射、下垫面反射率和地面有效辐射的综合影响，同样有明显的日变化特征。在典型晴天状态下，不同下垫面的地表净辐射均具有明显的日变化特征，日出

后约 1h，净辐射从负值转变为正值，并随太阳高度角的增大而迅速增加，在 14:00 附近达到最大，和总辐射的相位一致，在日落前约 1h 开始变为负值。从净辐射日峰值来看，草地、农田、阳坡和阴坡净辐射的日峰值分别为 692W/m²、845W/m²、780W/m² 和 791W/m²，不同下垫面接收到的总辐射差异不大，但由于农田下垫面相对比较潮湿，其反射辐射和向上长波辐射均较小，导致农田净辐射的日峰值最大。草地、农田、阳坡和阴坡净辐射的日均值分别为 168W/m²、221W/m²、188W/m² 和 188W/m²，同样是农田下垫面净辐射的日均值最大。

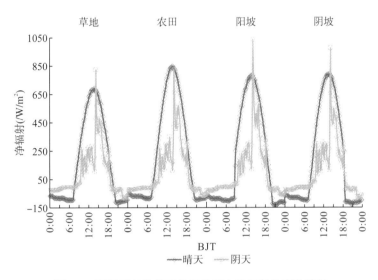

图 3-4 不同天气条件下各下垫面上净辐射的变化特征

在典型阴天的情况下，不同下垫面地表净辐射的日变化趋势与典型阴天总辐射值的日变化趋势类似。白天 7:00 前后地表净辐射开始增加，但增加速率明显小于晴天天气，到 14:00 左右急剧增加到接近甚至超过晴天水平，可能原因在于局地云的反射造成向下的长波辐射偏大，之后逐渐减小，20:30 接近 7:00 的水平，夜间 20:30 以后到第二天凌晨 7:00 的地表净辐射变化很小。由于受到云遮盖等的影响，草地、农田、阳坡和阴坡地表净辐射日均值显著减小，分别为 80W/m²、95W/m²、98W/m² 和 96W/m²，仅为晴天地表净辐射日均值的一半左右。

3.3 藏东南地区复杂下垫面能量收支特征分析

3.3.1 地表能量分量间的关系

地表的热量过程主要考虑地表从辐射过程中获取的能量的分配过程。陆地表层通过接收太阳直射辐射、天空散射辐射和大气逆辐射而获得能量，同时通过反射部分太阳短波辐射和发射长波辐射而失去能量，它们之间的差额为陆地表层获得的能量，即净辐射 R_n。地表获得的能量绝大部分以潜热通量 E、感热通量 H_s 和土壤热通量 G 三种方式传输消耗，其中潜热通量和感热通量的传输主要以大气湍流方式进行,故潜热通量和感热通量亦被称为湍流热通量。地表能量平衡中,在忽略地表热储存量、光合作用消耗的能量以及水平对流后,地表能量平衡方程一般表示为

$$R_n = E + H_s + G$$

3.3.2 潜热通量

图 3-5 给出了典型晴天和阴天条件下 4 种下垫面上潜热通量的变化特征。可以看出,在典型晴天天气下,4 种类型下垫面上潜热通量均随净辐射的增加而表现为增加的趋势,潜热通量一直为正值,夜间在零值附近波动,说明白天水的蒸发相变一直存在,而夜间水的蒸发相变很弱。从潜热通量日峰值来看,草地、农田、阳坡和阴坡分别为 262W/m²、432W/m²、235W/m² 和 284W/m²,其中农田下垫面潜热通量日峰值最大,主要原因在于农田下垫面水分供给比较充足,有研究表明,在下垫面水分供给充足时,净辐射大部分被潜热通量所消耗,而阳坡森林土壤蒸发比较剧烈,土壤相对比较干燥,出现潜热通量日峰值的最小值。在典型阴天的情况下,由于阴天净辐射较晴天明显减小,导致阴天潜热通量明显比晴天天气小,草地、农田、阳坡和阴坡潜热通量的日峰值分别为 159W/m²、203W/m²、143W/m² 和 186W/m²,分别为典型晴天潜热通量的 61%、47%、61% 和 65%。下垫面水热性质决定地表能量的分配。一般而言,下垫面的可利用水分越高,越多的能量以潜热通量的方式消耗,空气的湿度越高而温度越低;下垫面的可利用水分较低时,则能量主要用于加热大气,空气相对干燥而温度高。

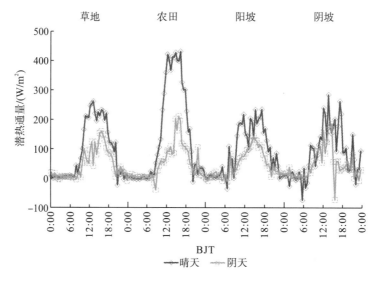

图 3-5 不同天气条件下各下垫面上潜热通量的变化特征

3.3.3 感热通量

图 3-6 给出了典型晴天和阴天条件下 4 种下垫面上感热通量的变化特征。可以看出,在

典型晴天天气下,地表感热通量具有典型的日循环形态,随着净辐射的增加而表现为增加的趋势,白天感热通量为正值,表示地表向大气输送能量,即地面加热大气,夜间为负值,表示感热通量向下传输,即大气加热地面。草地、农田、阳坡和阴坡感热通量的日最大值分别为 145W/m²、107W/m²、283W/m² 和 175W/m²,地表感热通量主要取决于风速和地气温差,由于阳坡观测点位于雅鲁藏布江以北山的阳坡上,相对比较开阔,风速比较大,导致其出现地表感热通量的最大值。典型阴天条件对风速和地气温差没有显著影响,导致不同下垫面感热通量的变化特征在典型晴天和阴天条件下的差异不明显。不同下垫面感热通量的日变化存在显著的差异,表明下垫面特征的不同对地表能量的分配过程起着重要的调节作用。

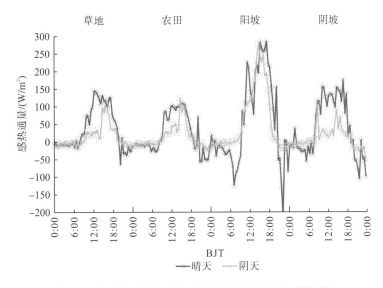

图 3-6 不同天气条件下各下垫面上感热通量的变化特征

生态系统中潜热通量和感热通量之间具有重要的交互作用。水分蒸发消耗能量使得表面降温,从而降低表面与空气间的温度差异,而这种差异是感热通量的根本驱动力,因此在干旱条件下生态系统感热通量占有主导地位,而藏东南地区雅鲁藏布江区域降水丰富,净辐射大部分被潜热通量所消耗,最终导致该地区 4 种下垫面均是潜热通量显著大于感热通量。可见在夏季晴天,藏东南地区雅鲁藏布江区域能量主要用于水蒸发相变,用于大气运动引起的感热通量交换的能量相对较小。

3.3.4 土壤热通量

土壤热通量主要是由地表接收的净辐射以及土壤自身的热状况来决定。土壤热量传输的观测和计算,不仅对生态系统物质和能量交换过程有重要影响,而且通过影响陆气之间的热量使气候变化。无论是大气科学工作者还是地理科学工作者,在大量的研究中都需要准确地计算土壤中热量的传输。另外,在用彭曼-蒙特斯(Penman-Monteith)公式计算地表蒸发的过程中,也需要用到土壤热通量。因此,作为表征地气能量交换和主要物理参量的土壤热通量受到了极大的关注。

图 3-7 给出了典型晴天和阴天条件下 4 种下垫面 2cm 土壤热通量的变化特征。可以看出，在典型晴天天气下，4 种下垫面 2cm 土壤热通量均具有典型的日循环形态，土壤热通量白天为正值，吸收能量，夜间为负值，向外输出能量。在净辐射持续增加的时间段内，土壤热通量相应地增加，变化幅度较大，净辐射达到最大值时土壤热通量却未达到最大值，这主要与土壤热通量与净辐射之间存在一定的滞后性有关，但延迟时间不明显。在净辐射持续减少的时间段内，土壤热通量相应地减少，变化幅度较小。在净辐射继续减小为负值时，土壤热通量急剧下降。从土壤热通量日峰值来看，草地、农田、阳坡和阴坡土壤热通量的日峰值分别为 123W/m^2、248W/m^2、84W/m^2 和 201W/m^2，在典型晴天条件下农田下垫面净辐射最大，农田生态系统中的净辐射与土壤热通量的相关性高于森林生态系统，最终导致日峰值最大值出现在农田下垫面上。4 种下垫面夜晚土壤热通量的最小值分别为 -48W/m^2、-61W/m^2、-25W/m^2 和 -35W/m^2，说明白天和夜晚土壤热流的交换非常剧烈。草地、农田、阳坡和阴坡土壤热通量的日均值分别为 15W/m^2、42W/m^2、-3W/m^2 和 41W/m^2，同样是农田下垫面土壤热通量的日均值最大，表明在典型晴天条件下农田土壤储存的热量比较大，土壤一直处于增温状态。

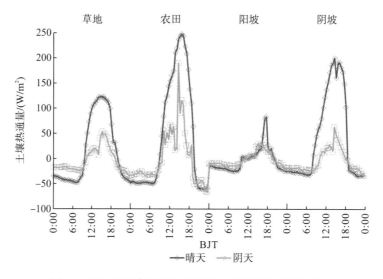

图 3-7 不同天气条件下各下垫面土壤热通量的变化特征

在典型阴天的情况下，不同下垫面土壤热通量与净辐射的变化趋势基本一致。由于在典型阴天条件下不同下垫面地表净辐射日均值显著减小，导致阴天不同下垫面土壤热通量日峰值也较晴天明显减小，仅分别为 53W/m^2、190W/m^2、29W/m^2 和 63W/m^2，日峰值最大值出现在农田下垫面上。4 种下垫面夜晚土壤热通量的最小值分别为-35W/m^2、-66W/m^2、-18W/m^2 和 33W/m^2，与典型晴天夜晚土壤热通量的最小值的差异不大，表明阴天夜晚土壤热流的交换与晴天差异不大。典型阴天 4 种下垫面土壤热通量的日均值分别为-4W/m^2、-2W/m^2、-2W/m^2 和-5W/m^2，表明在典型阴天情况下，4 种下垫面土壤均存在能量损失，土壤处于降温状态。

3.4　藏东南地区复杂下垫面能量分配特征分析

3.4.1　地表湍流热通量分量间的关系

地表的热量过程主要考虑地表从辐射过程中获取的能量的分配过程。地表获得的能量绝大部分以潜热通量、感热通量和土壤热通量 3 种方式传输消耗，潜热通量 E 和感热通量 H_s 为正表示能量输向大气用于大气增温，土壤热通量 G 为正表示能量向土壤下层输送用于增加土壤温度，反之亦然。地表能量平衡中，在忽略地表热储存量、光合作用消耗能量以及水平对流后，地表能量平衡方程一般表示为

$$R_n = E + H_s + G$$

就大气系统而言，地表与大气之间能量和水分的交换代表了大气系统的下边界条件，大气运动所需要的热能及水汽主要是以潜热通量和感热通量的形式通过湍流运动由地表输送到自由大气中，同时土壤热通量和动量通量也决定了边界层内湍流及扩散的强度和稳定度，并且控制着区域温度、湿度和平均风速的变化，因而地气系统之间的潜热通量和感热通量是众多数值天气预报和区域气候模式重要的基本输入参数。能量分配方式对局地甚至更大尺度的天气意义深刻，而分配方式的不同是气候存在空间差异的根本原因。

3.4.2　典型晴天条件下不同下垫面湍流热通量能量分配特征

图 3-8 给出了在典型晴天条件下不同下垫面上 9:30～18:00 湍流热通量各分量的能量分配特征。可以看出，作为能量支出项的潜热通量、感热通量和土壤热通量的能量分配特征因下垫面不同而存在明显的差异。在典型晴天条件下，白天潜热通量为正值，说明白天水的蒸发相变一直存在；就平均值而言，农田下垫面潜热通量占净辐射的比例最大，在 0.5 左右，草地次之，约为 0.4，森林阳坡和阴坡潜热通量占净辐射的比例最小，分别为 0.32 和 0.27，其主要原因在于农田下垫面水分供给比较充足，净辐射大部分被潜热通量所消耗。

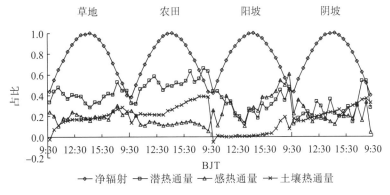

图 3-8　典型晴天条件下不同下垫面湍流热通量能量分配特征

注：图中净辐射曲线为归一化的净辐射值。

在典型晴天条件下,白天地表感热通量为正值,表示地表向大气输送能量,即地面加热大气。就平均值而言,森林阳坡感热通量占净辐射的比例最大,为0.3左右,草地和森林阴坡为0.2左右,而农田下垫面最小,仅为0.1左右。地表感热通量主要取决于风速和地气温差,由于森林阳坡观测点相对比较开阔,风速比较大,接收到的净辐射有很大一部分被感热通量所消耗;草地和农田下垫面均是感热通量占净辐射的比例明显小于潜热通量占净辐射的比例,表明草地和农田下垫面太阳净辐射主要用于水分蒸发,而森林阳坡和阴坡感热通量占净辐射的比例与潜热通量占净辐射的比例差异不大,表明森林下垫面接收的太阳辐射用于水分蒸发和用于加热大气的比例相差不大。这种能量分配特点与高原东部的甘孜、南部的拉萨相似,与黄土高原区域存在显著的差异,不同的下垫面特征及局地气候状态是产生差异的主要原因。

土壤热通量主要由地表接收的净辐射以及土壤自身的热状况来决定。图3-8给出了典型晴天条件下4种下垫面2cm土壤热通量占净辐射的比例。可以看出,在4种下垫面上,土壤热通量占净辐射的比例均随时间的推移而增加,这主要与土壤热通量与净辐射之间存在一定的滞后性有关,在净辐射持续减少的时间段内,土壤热通量减少的幅度较小;在能量分配方面,就平均值而言,草地、农田、阳坡和阴坡土壤热通量占所接收净辐射的比例分别为0.17、0.28、0.03和0.24,最大值出现在农田下垫面,也证明农田生态系统中的净辐射与土壤热通量的相关性高于森林生态系统,在典型晴天条件下农田土壤储存的热量比较大,土壤一直处于增温状态。

3.4.3 典型阴天条件下不同下垫面湍流热通量能量分配特征

图3-9给出了在典型阴天条件下不同下垫面上9:30~18:00湍流热通量各分量的能量分配特征。可以看出,由于受到云的遮挡等因素的影响,潜热通量、感热通量和土壤热通量的能量分配特征变化曲线均不如典型晴天条件下平滑,这也可能是由间歇性湍流传输所致。在典型阴天条件下,就平均值而言,草地、农田、阳坡和阴坡下垫面潜热通量占净辐射的比例分别为0.45、0.43、0.42和0.38,除农田下垫面潜热通量占净辐射的比例较典型晴天有所下降外,其余3种下垫面潜热通量占净辐射的比例均较典型晴天明显增加,不同下垫面之间的差异不大,由于在典型阴天前一天下雨,下垫面的可利用水分增多,更多的能量以潜热通量的方式消耗。草地下垫面在晴天和阴天潜热通量占净辐射的比例都比较大,表明在夏季白天,草地以潜热通量方式传递热量为主。在典型阴天条件下,就平均值而言,草地、农田、阳坡和阴坡下垫面感热通量占净辐射的比例分别为0.17、0.16、0.62和0.12,阴天潜热通量输送在地表能量平衡中的作用明显增加,不同下垫面感热通量占净辐射的比例存在显著的差异,表明下垫面特征的不同对地表能量的分配过程起着重要的调节作用,森林阳坡在阴天以感热通量方式传递热量为主,其余3种下垫面在阴天还是以潜热通量方式传递热量为主。在典型阴天条件下,就平均值而言,草地、农田、阳坡和阴坡土壤热通量占所接收净辐射的比例分别为0.06、0.17、0.02和0.05,表明在典型阴天条件下,用于土壤增温部分的净辐射非常小,阴天土壤热通量的交换明显减弱,土壤增温不明显。

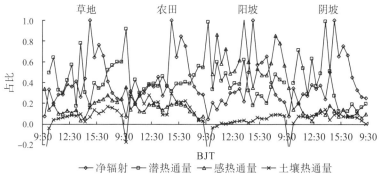

图 3-9　典型阴天条件下不同下垫面湍流热通量能量分配特征

注：图中净辐射曲线为归一化的净辐射值。

3.5　藏东南地区下垫面地气交换参数分析

3.5.1　空气动力学粗糙度变化特征分析

根据莫宁-奥布霍夫(Monin-Obukhov)相似理论，空气动力学粗糙度 $z_{0\mathrm{m}}$ 可以由如下公式得到：

$$z_{0\mathrm{m}} = z\mathrm{e}^{-\frac{kU}{u_*}-\varPsi_{\mathrm{m}}(\varsigma)}$$

式中，z 为观测高度；U 为风速；u_* 为摩擦速度；k 为卡门常数；$\varsigma = \dfrac{z}{L}$，L 为莫宁-奥布霍夫长度；$\psi_{\mathrm{m}}(\varsigma)$ 为动量稳定度函数的积分形式，使用 Högström(1988)的研究公式。

计算得到观测期间不同 $z_{0\mathrm{m}}$ 的出现频率[图 3-10(a)]，将所出现频率为前 50%的 $z_{0\mathrm{m}}$ 进行平均，得到藏东南地区草地下垫面上的 $z_{0\mathrm{m}}$ 为 6.9cm，标准差为 2.1cm。这一结果大于高原其他地区，研究表明，高原中部和西部地区主要为裸土覆盖，其 $z_{0\mathrm{m}}$ 不足 1cm。这一结果与高原东部昌都地区的观测值(8.0cm)接近，远小于藏东南地区鲁朗地区的值(37.5cm)。

通常将某一时期某一下垫面上的 $z_{0\mathrm{m}}$ 视为一个固定值，但是 $z_{0\mathrm{m}}$ 除受到观测站附近下垫面的影响外，还受到上游气流风速和其下垫面的影响。由图 3-10(b)可以看出，当气流来向不同时，其对应的 $z_{0\mathrm{m}}$ 存在很大差别。其中东北和西南风对应的 $z_{0\mathrm{m}}$ 最大，可大于 12cm，而南风和西北风对应的 $z_{0\mathrm{m}}$ 比较小，不足 6cm。

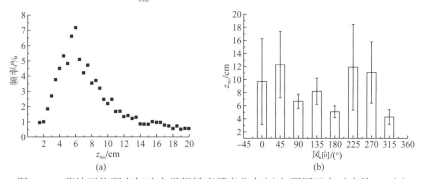

图 3-10　草地下垫面空气动力学粗糙度频率分布(a)与不同风向对应的 $z_{0\mathrm{m}}$ (b)

图 3-11 给出了观测期间农田下垫面 z_{0m} 不同数值的出现频率，将所出现频率前 50% 的数据进行平均，得到其平均值为 14.7cm，标准差为 3.2cm。这一结果与我国其他地区农田下垫面中得到的结果较为相近。

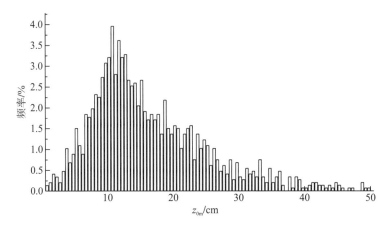

图 3-11　农田下垫面空气动力学粗糙度频率分布

3.5.2　热力粗糙度变化特征分析

热力粗糙度 (z_{0h}) 常用热传输附加阻尼 $kB^{-1} = \ln\left(\dfrac{z_{0m}}{z_{0h}}\right)$ 表示，这里采用韦尔霍夫(Verhoef)方案计算：

$$kB^{-1} = \frac{ku_*}{H_s}\rho C_p(T_s - T_a) - \ln\left(\frac{z}{z_{0m}}\right) + \Psi_h(\varsigma)$$

式中，H_s 为感热通量；ρ 为空气密度；T_s 和 T_a 分别为地表温度和气温；Z 为观测仪器高度与零平面位移的差值；$\Psi_h(\varsigma)$ 为温度稳定度函数的积分形式；z_{0m} 为空气动力学粗糙度。

地表温度通过地表能量平衡方法获得：

$$T_s = \left[\frac{ULR - (1-\varepsilon)DLR}{\varepsilon\sigma}\right]^{0.25}$$

式中，ULR 和 DLR 分别是向上和向下的长波辐射通量；ε 是比辐射率，这里取 0.95；σ 为斯蒂芬-波尔兹曼常数。

草地下垫面上热力粗糙度有明显日变化，其变化范围为 $4.3\times10^{-7}\sim1.9\times10^{-2}$m，平均值为 8.6×10^{-3}m。z_{0h} 在早上和傍晚有较大变化(图 3-12)。kB^{-1} 日变化明显，在下午达到最大值(11.2)，在夜里较小，其平均值为 6.9。该站点 kB^{-1} 虽小于藏东南鲁朗地区 2007 年 6 月的结果(8.1)，但比高原中西部地区大。研究表明，喜马拉雅山地区的 kB^{-1} 值为 3.7，纳木错地区为 4.5，安多地区为 5.1，那曲地区为 3.8。

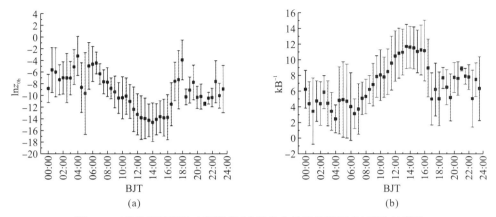

图 3-12　草地下垫面热力粗糙度 (a) 和热传输附近阻尼 (b) 平均日变化

农田下垫面上热力粗糙度有明显日变化 (图 3-13)，z_{0h} 标准差很大，且波动较大，且在午夜至早上变动最大。通过将平均值插值，计算得到其平均值为 0.36m。kB^{-1} 日变化明显，在下午达到最大值 6.5，在夜里较小，其平均值为 1.1。该站点 kB^{-1} 小于草地下垫面上的结果，且低于高原中西部地区。

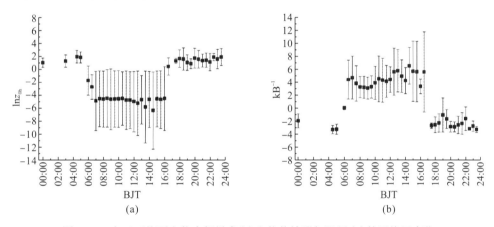

图 3-13　农田下垫面上热力粗糙度 (a) 和热传输附加阻尼 (b) 的平均日变化

3.5.3　动量和热力传输系数变化特征分析

近地面动量传输系数 C_d 和热力传输系数 C_h 由如下公式获得：

$$C_d = -\frac{\overline{u'w'}}{U^2}$$

$$C_h = \frac{\overline{w'\theta'}}{U(T_s - T_a)}$$

式中，U 为水平风速；$\overline{u'w'}$ 和 $\overline{w'\theta'}$ 分别为动量和温度的垂直脉动；T_s、T_a 分别为地表温度和气温。

草地下垫面上动量传输系数 C_d 日变化较小 (图 3-14)，下午较大，夜间小，平均值为 10.6×10^{-3}。为了与高原其他地区相比较，我们利用莫宁-奥布霍夫相似理论获得了地面上 10m 高度处的 C_d 值。10m 高度处 C_d 平均值为 5.8×10^{-3}，这一结果大于高原其他地区的 C_d 平均值。研究表明，青藏高原中部的 C_d 值为 $0.81 \times 10^{-3} \sim 6.0 \times 10^{-3}$，西部地区为 4.8×10^{-3}，喜马拉雅山中部地区为 0.79×10^{-3}。Bian 等 (2002)、Wang 和 Liang (2009) 也发现藏东南地区的 C_d 值大于高原其他地区的 C_d 值。

草地下垫面上 C_h 与 C_d 相比有更大的日变化，白天大，夜间小，平均值为 3.7×10^{-3}（图 3-14）。在日出和日落时期，C_h 有很大的变化。10m 高度 C_h 平均值为 2.8×10^{-3}，与高原其他地区差别不大。例如，高原中部地区 C_h 为 $1.0 \times 10^{-3} \sim 3.0 \times 10^{-3}$，喜马拉雅山中部为 1.2×10^{-3}，高原东部为 5.5×10^{-3}。而该地区动量传输系数大于热力传输系数，不同于高原其他地区。动量传输系数和热力传输系数均有日变化，白天大、夜间小，且热力传输系数日变化大于动量传输系数。

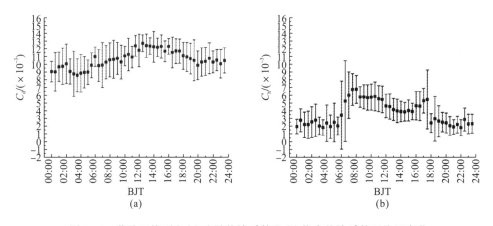

图 3-14　草地下垫面上 (a) 动量传输系数和 (b) 热力传输系数平均日变化

农田下垫面上 C_d 平均值为 2.46×10^{-2}，其日变化较小，白天大、夜间小，日变化标准差为 0.6×10^{-2}。利用莫宁-奥布霍夫相似理论获得了地面以上 10m 高度的 C_d。10m 高度 C_d 平均值为 1.02×10^{-2}，这一结果大于高原其他地区，这一个大的动量交换系数与大粗糙度相对应。C_h 平均值为 1.20×10^{-2}，其日变化较为明显，同样是白天大、夜间小，但在夜间也会出现大值，日变化标准差为 0.6×10^{-2}（图 3-15）。10m 高度 C_h 平均值为 6.65×10^{-3}，高

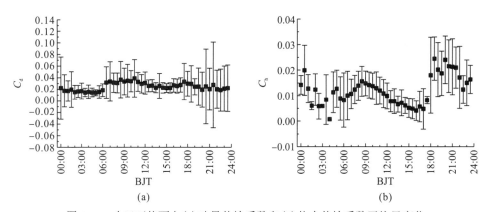

图 3-15　农田下垫面上 (a) 动量传输系数和 (b) 热力传输系数平均日变化

于高原中西部地区，而接近高原东部地区已有研究结果。例如，高原中部地区 C_h 在 $1.0 \times 10^{-3} \sim 3.0 \times 10^{-3}$，喜马拉雅山中部为 1.2×10^{-3}，高原东部为 5.5×10^{-3}，而下垫面上动量传输系数大于热力传输系数，不同于高原其他地区。

3.6 藏东南地区复杂下垫面地气交换非均匀性分析

3.6.1 非均匀率的定义与算法

为定量描述试验区域不同下垫面地气交换的非均匀性，定义非均匀率为 3 种典型下垫面上热通量与 3 种典型下垫面上热通量平均值之差的绝对值与平均值比率的最大值，即

$$非均匀率 = \frac{\max|H_i - H_{avr}|}{H_{avr}}$$

式中，H_i 为第 i 个下垫面上的热通量；H_{avr} 为不同下垫面上热通量的平均值。

3.6.2 藏东南地区复杂下垫面热量的非均匀性特征

图 3-16 给出了藏东南地气交换观测试验期间 3 种典型下垫面上感热通量、潜热通量和总热通量的平均日变化特征。观测期间：草地站平均感热通量为 $33.5 \mathrm{W/m^2}$，13:00 达到最大，为 $128.0 \mathrm{W/m^2}$，19:00 最小，为 $-6.3 \mathrm{W/m^2}$；农田站平均感热通量为 $18.1 \mathrm{W/m^2}$，13:00 达到最大，为 $92.0 \mathrm{W/m^2}$，18:30 最小，为 $-20.0 \mathrm{W/m^2}$；阔叶林站平均感热通量为 $55.8 \mathrm{W/m^2}$，12:30 达到最大，为 $220.6 \mathrm{W/m^2}$，19:30 最小，为 $-23.9 \mathrm{W/m^2}$。3 种下垫面平均感热通量为 $35.8 \mathrm{W/m^2}$，阔叶林站平均感热通量与 3 种下垫面平均感热通量差异最大，为 $20.0 \mathrm{W/m^2}$，非均匀率达 56%。

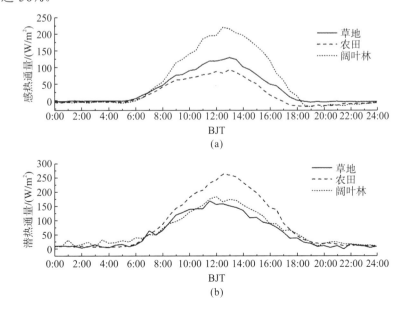

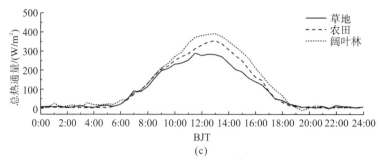

图 3-16　观测期间感热通量(a)、潜热通量(b)和总热通量(c)的平均日变化

草地站平均潜热通量为 55.5W/m²，11:30 达到最大，为 167.0W/m²，21:30 最小，为 -2.2W/m²；农田站平均潜热通量为 83.8W/m²，12:30 达到最大，为 262.3W/m²，4:00 最小，为 4.0W/m²；阔叶林站平均潜热通量为 64.7W/m²，12:00 达到最大，为 182.4W/m²，3:00 最小，为 4.3W/m²。3 种下垫面平均潜热通量为 68.0W/m²，农田站平均潜热通量与 3 种下垫面平均潜热通量差异最大，为 15.8W/m²，非均匀率达 23%。

草地站平均总热通量为 89.0W/m²，11:30 达到最大，为 285.3W/m²，21:30 最小，为 -7.2W/m²；农田站平均总热通量为 101.9W/m²，13:00 达到最大，为 350.5W/m²，4:00 最小，为-2.3W/m²；阔叶林站平均总热通量为 120.5W/m²，13:00 达到最大，为 388.0W/m²，19:30 最小，为-16.3W/m²。3 种下垫面平均总热通量为 103.8W/m²，阔叶林站平均潜热通量与 3 种下垫面平均总热通量差异最大，为 16.7W/m²，非均匀率达 16%。

3 种典型下垫面波文比均小于 1，说明观测期间藏东南地区雅鲁藏布江河谷各类型典型下垫面潜热通量均大于感热通量，其中草地站波文比为 0.60，农田站波文比为 0.22，阔叶林站波文比为 0.86，三站平均波文比为 0.53，波文比非均匀率为 62%。

3.7　藏东南地气交换与南亚夏季风的关系研究

为研究南亚夏季风和相关天气形势的演变，我们首先给出观测期间南亚夏季风指数 (South Asian summer monsoon indices，SASMI) 的逐日变化(图 3-17)，其中季风指数的计算方法参见 Wang 和 Fan(1999) 的研究。由图 3-17 可见，南亚夏季风指数在 6 月 1 日出现正极大值，远远超过标准方差，标志着南亚夏季风爆发。此后，南亚夏季风指数在 6 月中旬(6 月 11~16 日)和下旬(6 月 24~30 日)出现超过标准方差的正值和负值，分别表征了南亚夏季风的偏南位相和偏北位相。图 3-18 给出了南亚地区对流活动[向外长波辐射 (outgoing long-wave radiation，OLR)]在观测期间平均、南亚夏季风偏南位相和偏北位相 3 种情况下的水平分布状况。可以看出，观测期间，强对流活动(OLR＜200W/m²)主要位于印度南部的阿拉伯海地区、孟加拉湾地区以及泰国湾地区，最强对流活动(OLR＜170W/m²)位于孟加拉湾东部。南亚夏季风偏南位相期间，强对流活动(OLR＜200W/m²)覆盖了南亚南部地区，最强对流活动(OLR＜170W/m²)出现在印度中部以及南中国海和马来半岛地区。此时观测区域的对流活动相对较弱。南亚夏季风偏北位相期间，强对流活动(OLR＜200W/m²)主要位于印度北部、孟加拉湾北部和青藏高原东南地区。最强对流活动

（OLR＜170W/m²）出现在孟加拉湾北部地区。此时，观测区域对流活动较强（OLR＜190W/m²）。由此可以看出，在南亚夏季风偏南和偏北位相期间，观测地区的对流活动存在显著差异，这种差异可能带来天气形势的明显不同。图 3-19 给出了 3 种情况下 850hPa 等压面上天气形势的水平分布状况。在观测期间，南亚地区主要为强西风和西南风所控制，将南部的湿润空气向东向北输送，此时观测区域主要位于西南暖湿气流的北缘，表明南亚夏季风可以影响藏东南地区。在南亚夏季风偏南位相期间，在印度南部的强西风气流转变为东南气流，将湿润空气输送到印度北部（该地区比湿出现高值中心，最大值超过 16g/m³），此时观测区域受季风影响较小。在南亚夏季风偏北位相期间，印度北部的西风加强并转为西南风，进而影响观测区域，导致水汽最大值向东向北伸展至观测区域。

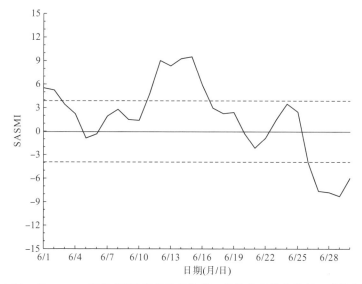

图 3-17 2013 年 6 月 SASMI 变化（正值代表偏南位相，负值代表偏北位相，虚线代表标准方差）

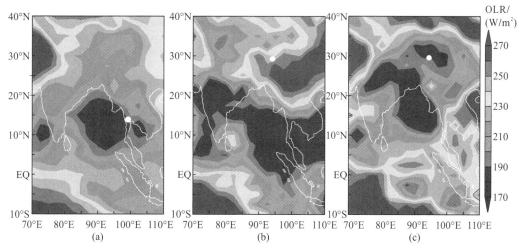

图 3-18 南亚地区对流活动（OLR）在观测期间平均（a）、南亚夏季风偏南位相（b）和偏北位相（c）

3 种情况下的水平分布状况

注：白圆点代表观测区域。

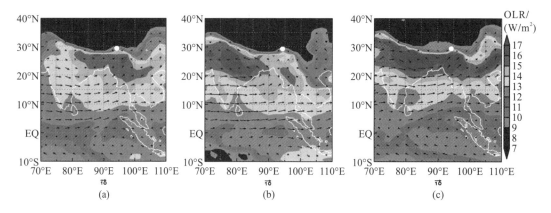

图 3-19 3 种情况下 850hPa 等压面上天气形势的水平分布状况

受南亚夏季风影响，藏东南地区的局地大气辐射、热力和水汽状况以及地气交换过程在季风南北位相期间存在显著差异。图 3-20 给出了观测地区的大气辐射状况(太阳短波辐射和净辐射)在观测期间、季风偏南位相和季风偏北位相期间的平均日变化。与整个观测期间平均日变化相比，大气辐射状况在季风偏南位相期间大大增强，这与该期间对流活动较弱有关；而在季风偏北位相期间，大气辐射状况则大为减弱，该期间对流活动强，云雨天气占主导地位，进而减弱了太阳辐射。图 3-21 给出了地温、气温和比湿的平均日变化。与观测期间平均相比，地温在季风偏南位相的日较差(变化幅度)变大(由 13.8℃增加到 20.1℃)，而在偏北位相期间则变小(11.1℃)；气温的日变化与地温一致，在季风偏南位相变化幅度由 10.1℃增加到 13.3℃，季风偏北阶段减小到 7.8℃。这种地温和气温的变化幅度与太阳辐射的强弱变化相一致。相比之下，大气湿度在季风偏北位相期间明显高于季风偏南位相，与季风环流导致的水汽传输有关。

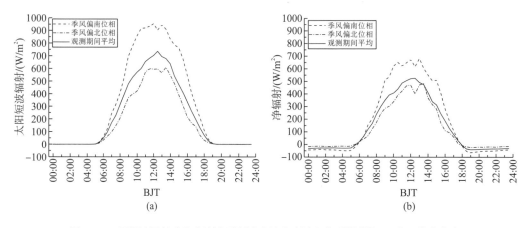

图 3-20 观测地区的太阳短波辐射(a)和净辐射(b)在观测期间、季风偏南位相
和季风偏北位相期间的平均日变化

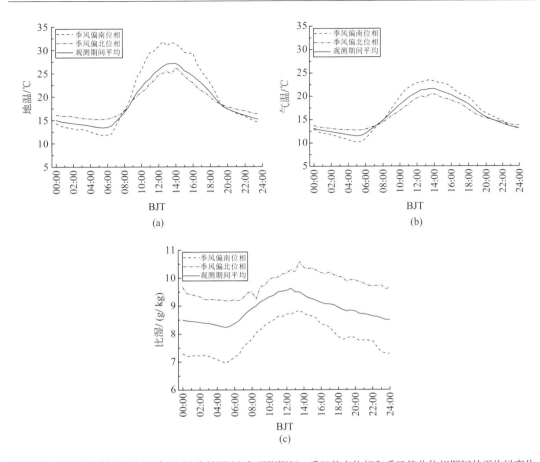

图 3-21 观测地区的地温(a)、气温(b)和比湿(c)在观测期间、季风偏南位相和季风偏北位相期间的平均日变化

图 3-22 给出了观测期间、季风偏南位相和季风偏北位相期间地气间热量输送的平均日变化。在藏东南地区,感热通量是由地面向大气输送,其在观测期间平均值为 35.0W/m²,在季风偏南位相期间增强至 55.8W/m²,在季风偏北位相期间减弱至 23.6W/m²。感热通量的变化与地气温差密切相关,在季风偏北位相期间,地气温差减弱,导致感热通量仅为季风偏南位相期间的 42%。潜热通量在观测期间平均为 67.1W/m²,在季风偏南位相期间增强至 82.9W/m²,在季风偏北位相期间减弱至 65.8W/m²。潜热通量在季风偏北位相的减弱

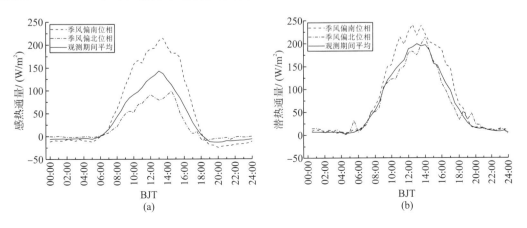

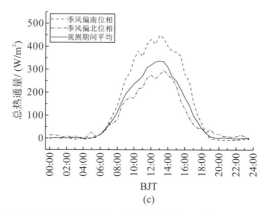

图 3-22 观测地区的感热通量(a)、潜热通量(b)和总热通量(c)在观测期间、
季风偏南位相和季风偏北位相期间的平均日变化

与地气温差变小导致的蒸发减弱有关。总热通量在上述 3 种情况下分别为 102.1W/m²、138.7W/m² 和 89.4W/m²，且以潜热通量输送为主，其波文比分别为 0.52、0.67 和 0.36。

3.8 藏东南地区不同天气状况下地气能量交换特征分析

3.8.1 近地层能量通量的逐日变化

图 3-23 给出了林芝观测区 2013 年 5 月 21 日至 7 月 9 日 50 天 4 个试验站点感热通量、潜热通量和向下短波辐射的逐日变化。可以看出，感热通量的逐日变化过程与向下短波辐射相似，在观测期间都表现出明显的"高—低—高—低"的阶段性变化特征，潜热通量相对变化不明显，这与观测区云、雨等天气影响有关。对应观测区逐日累计降水变化(图 3-24)，观测点(以南面麦田站的降水为代表)的具体降水日和日降水量如下：5 月 22～24 日、29～31 日共 6 天(相应日降水量为 4.1mm、7.7mm、3.7mm、1.4mm、2.5mm、0.8mm)，6 月 1～8 日、11 日、16～18 日、24～30 日共 19 天(相应日降水量为 6.1mm、11.8mm、1.1mm、0.5mm、0.2mm、0.1mm、0.3mm、8.2mm、0.2mm、0.2mm、0.1mm、0.8mm、1.2mm、15.8mm、19.6mm、12.2mm、1.1mm、0.1mm、1.5mm)，7 月 1 日、4～6 日、9 日共 5 天(相应日降水量为 0.7mm、2.4mm、1.2mm、0.3mm、0.1mm)，50 天观测期，降水日就有 30 天，多为小雨天气。对比向下短波辐射[图 3-23(c)]和降水(图 3-24)的逐日变化可以看出，阴雨天向下短波辐射迅速减少，晴天则增加。而且，进一步对比向下短波辐射与土壤热通量的逐日变化(图 3-23)，不同地形不同下垫面的感热通量和潜热通量逐日变化与向下短波辐射相似，说明向下短波辐射是影响地表感热通量和潜热通量变化的重要因素：当天气晴好，向下短波辐射强时，地表感热通量和潜热通量均较大；反之亦然。

由于试验站点分布在雅鲁藏布江两侧，相距较近，影响太阳辐射的纬度等因子没有太大的差别，同时，在试验区周边范围内影响向下短波辐射的气象环境差异较小。因此，由图 3-23 可以看出，在试验期间，各观测站向下短波辐射的逐日变化曲线基本重合，而不同站点感热通量和潜热通量变化的差异却较大。就日平均感热通量而言，北坡阔叶林站最大，可达 80.51W/m²，西坡阔叶林站和西南草地站次之，分别为 35.33W/m²、33.28W/m²，南面麦田站最小，约为 15.32W/m²；对于日平均潜热通量，南面麦田站最大，为 88.27W/m²，其次为北坡阔叶林站、西南草地站、西坡阔叶林站，分别是 85.56W/m²、68.53W/m²、

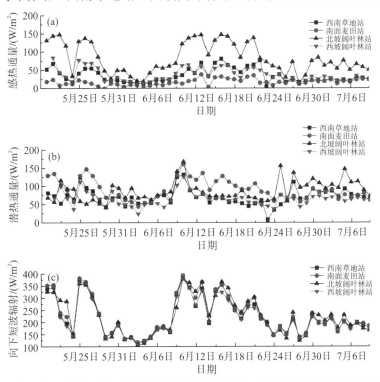

图 3-23　2013 年 5 月 21 日至 7 月 9 日各观测站地表感热通量、潜热通量和向下短波辐射的逐日变化

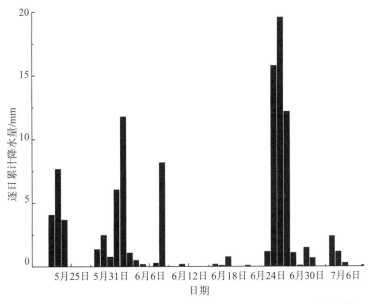

图 3-24　2013 年 5 月 21 日至 7 月 9 日林芝观测区逐日累计降水量

$64.09W/m^2$，这主要是地形差异和不同性质下垫面影响的结果，而纬度因子、天气状况对观测区内 4 个站点的影响是一致的。北坡阔叶林站的感热通量明显大于其他站点，首先对比北坡阔叶林站和西坡阔叶林站，虽然它们接收的向下短波辐射相同，且下垫面性质相似（阔叶林，附近有稀疏灌丛和草），但北坡阔叶林站感热通量远大于西坡阔叶林站，造成这种差异的主要原因是北坡阔叶林站和西坡阔叶林站所处位置的地形不同，北坡阔叶林站位于雅鲁藏布江以北山的阳坡上，而西坡阔叶林站位于东北走向山的阴坡上。其次，对比北坡阔叶林站和西南草地站、南面麦田站，它们接收的向下短波辐射相同，但西南草地站、南面麦田站下垫面都较平坦，且下垫面性质不同，因此它们的感热通量差异较大。由图 3-23 还可以看出，南面麦田站的潜热通量远大于感热通量，这是因为麦田站下垫面完全被植被覆盖，植株的蒸腾作用会带走大量的水汽，使得麦田上方的水汽浓度发生变化，体现为潜热通量大大增强。由此说明，近地层能量交换不仅受下垫面性质的影响，而且地形也起着重要的作用。对比 4 个站点，晴天北坡阔叶林站以感热通量输送为主，阴雨天以潜热通量输送为主；其余 3 个站点无论是晴天还是阴雨天，都是潜热通量输送占主导作用，这主要是因为夏季是降水集中期，而且此时也是植被生长的旺盛期，这与藏北高原地区（马耀明等，2000）和青藏高原东坡理塘地区（李英等，2009；赵兴炳和李跃清，2011）夏季潜热通量输送占主导地位的研究结论一致。

同时，各试验站感热通量、潜热通量［图 3-23（a）、（b）］的逐日变化在数值上虽然存在一定的差异，但其随向下短波辐射表现出几乎一致的变化趋势。以 2013 年 6 月 24～27 日一次连续的降水过程为例，6 月 24 日开始出现降水，向下短波辐射迅速减弱，各站感热通量和潜热通量随之减小；6 月 27 日降水量减小，向下短波辐射略有增强，各站感热通量和潜热通量一致增大；之后，各站的感热通量和潜热通量出现同步变化特征，潜热通量变化稍大。这种相同的变化说明，无论是晴天还是阴雨天，向下短波辐射对不同物理性质下垫面的能量交换所起的作用是相同的。

图 3-25 给出了各观测站基本气象要素的逐日变化，4 站点各气象要素表现出相同的变化趋势。温度的逐日变化整体呈现出递增的趋势，各站点之间的差异较小，当各站点温度相对降低时，对比感热通量［图 3-23（a）］相对减小，此时也对应降水偏多期。各站点气压在观测期间的变化较小，北坡阔叶林站由于海拔稍高于其他站点，因此气压比其他站点略低。各站点水平风速的逐日变化与感热通量和向下短波辐射［图 3-23（a）、（b）］相似，呈现

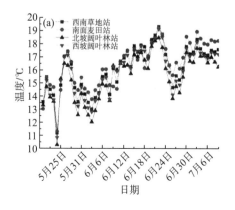

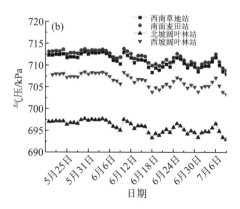

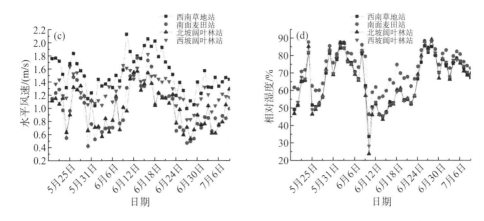

图 3-25 2013 年 5 月 21 日至 7 月 9 日各观测站基本气象要素逐日变化

出"高—低—高—低"的变化趋势,各站点之间的差异较大。相对湿度的逐日变化与降水相对应,当降水偏多时,相对湿度增大;反之亦然。南面麦田站相对湿度大于其他站点,其余三站差异较小。

3.8.2 近地层能量通量的日循环

图 3-26 给出了 2013 年 5 月 21 日至 7 月 9 日 4 个试验站点地表感热通量、潜热通量及净辐射的平均日变化(为了便于说明,以下用北京时间进行描述)。可以看出,感热通量、潜热通量和净辐射都有明显的日变化规律,日变化幅度大,白天远远大于夜间。净辐射在夜间为负值,白天日出后,由于向下短波辐射的快速增加,净辐射开始由负值转为正值,在 14:00 达到最大值。不同站点由于下垫面地表反照率的不同,净辐射的日变化有所差异,对于同一地区内几个不同的试验点,太阳高度角等的差异可以忽略,地表反照率主要取决于地表特性。草地、麦田、阔叶林等截然不同的下垫面导致了地表反照率的不同,各试验站点地表反照率日平均值从大到小依次为南面麦田站(0.16)、西坡阔叶林站(0.14)、西南草地站(0.13)、北坡阔叶林站(0.09)。北坡阔叶林站的净辐射日变化振幅略大于其他站点,为 596.09W/m^2;西南草地站日变化振幅最小,为 463.51W/m^2。净辐射日变化的最小值出现在 20:30 左右,随后开始缓慢地增加。这是因为在 20:30,地表没有向下短波辐射的补给,并且此时地面温度仍较高,向上长波辐射较大,导致 20:30 时净辐射最小。20:30以后,随着地表冷却,向上长波辐射减小,所以净辐射有微弱的增加。这说明辐射平衡在白天以向下短波辐射为主,而在夜间以地表向上长波辐射为主。

由图 3-26 还可以看到,感热通量、潜热通量与净辐射有相似的日变化过程。白天日出后感热通量随着向下短波辐射的增加而逐渐增加,直至 14:30 时,此时一般是一天中温度最高的时段,大气层结最不稳定,感热通量达到日变化的最大值,之后逐渐减少,夜间保持在一个很小的负值。白天,观测区不同试验站点感热通量的日变化差异较大,北坡阔叶林站感热通量日变化峰值远远大于其他站点,为 319.23W/m^2;南面麦田站最小,仅为76.46W/m^2。这种差异主要是由不同性质下垫面造成的,与不同试验站所处的地形影响辐射和地表植被覆盖有关。潜热通量的日变化全天均为正值,其变化规律与感热通量一致,在 14:30 达到日变化的最大值，之后逐渐减小，夜间潜热通量几乎保持为一个较小的正值。不同试验站潜热通量的日变化差异不如感热通量明显，潜热通量日变化峰值最大的是南面麦田站，为 281.79W/m²；日变化峰值最小的是西坡阔叶林站，为 182.45W/m²。整体上，除北坡阔叶林站外，其他站点潜热通量全天均大于感热通量。感热通量与潜热通量平均日变化的这种差异进一步说明了不同局地地形对近地层能量输送的重要影响。虽然大尺度上，青藏高原地区近地层能量输送以感热通量为主，尤其是西部，但是进入雨季后，潜热通量输送显著增加，且东部更为明显，但在复杂地形下，感热通量与潜热通量的相对重要性具有明显的区域尺度差异。

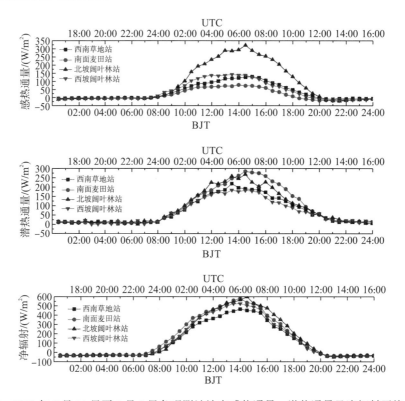

图 3-26 2013 年 5 月 21 日至 7 月 9 日各观测站地表感热通量、潜热通量及净辐射平均日变化

注：BJT 横坐标代表北京时间，UTC 横坐标代表世界时间。后同。

图 3-27 给出了观测期不同天气条件下各试验站点净辐射的平均日变化。根据试验期的天气状况，可把观测期分为 4 个阶段（下同）：5 月 21~28 日为第一阶段；5 月 29 日至 6 月 8 日为第二阶段；6 月 9~21 日为第三阶段；6 月 22 日至 7 月 9 日为第四阶段。其中，一、三阶段[图 3-27(a)、(c)]多晴好天气；二、四阶段[图 3-27(b)、(d)]多阴雨天气。由图 3-27 可以看出，净辐射强度随着天气变化的波动比较明显。无论是白天还是夜间，晴天净辐射强度的绝对值都较大，而阴雨天净辐射的绝对值明显减小。无论是晴天还是阴雨天，各试验站点均在 14:00~14:30 达到净辐射日变化峰值，晴天，各试验站净辐射日变化峰值最大可达 692.05W/m²；阴雨天，各试验站净辐射日变化峰值最大为 523.39W/m²。这种变化可能是云的影响，白天，有云时能减少向下短波辐射；夜间，云能增加向下长波辐

射,因而补偿了部分地表向上长波辐射损失的能量。这样,有云时会使净辐射的日变化振幅大大减小。

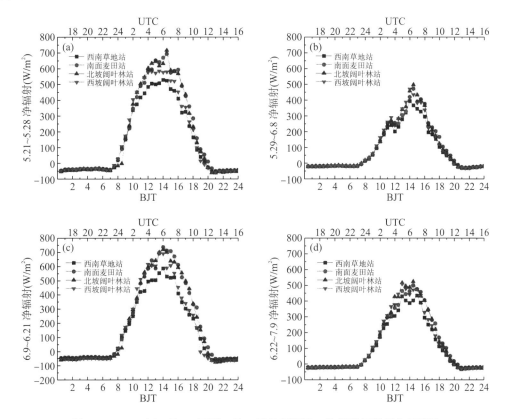

图 3-27　2013 年 5 月 21 日至 7 月 9 日各观测站 4 阶段净辐射平均日变化

注:5.21~5.28 指 5 月 21 日至 5 月 28 日,其余以此类推。

由图 3-27 还可以看出,即使在相同的天气条件下,不同下垫面净辐射的平均日变化也有所差异,夜间,各站差异较小,白天日出后,各站的差异逐渐增大,这种差异晴天大于阴雨天。为了说明这种差异,并对不同天气条件下净辐射的日变化进行对比分析,这里定义一个偏差指数 P。选取各站上述 4 个阶段 11:00~18:00 的数据,分别计算出每个阶段连续 7h 同一时刻 4 个站点净辐射的标准差,然后计算出每个阶段连续 7h 4 个站点净辐射标准差的平均值,这就是各个阶段净辐射的偏差指数 P(W/m^2)。晴天一、三阶段偏差指数分别为 61.76W/m^2、72.49W/m^2;阴雨天二、四阶段偏差指数分别为 29.10W/m^2、38.53W/m^2,表明晴天(阴雨天)净辐射日变化大(小)。进一步对比不同天气条件下,各站点净辐射差异的相对比例值,同样选取各站 4 个阶段 11:00~18:00 的数据,分别计算出每个阶段所有站点在该时段的净辐射平均值,然后分别计算出 4 个阶段各个站点距平与平均值的比例,由此衡量不同天气条件下,各站净辐射差异的大小。通过计算发现,不同天气条件下,这种比例的差异不大,每个阶段各站比例的平均值分别为 9.29%、8.13%、9.63%、8.59%。这说明在不同天气条件下,不同下垫面各站的净辐射差异比例基本不受天气的影响。

此外,净辐射日变化在 14:00 左右有明显的"凹"形变化[图 3-27(d)],这主要是受降水的影响。6 月 26 日 14:30～15:00 有一次明显的降水过程，导致向下短波辐射减少，因而净辐射也明显减少。分析四分量净辐射的逐日变化，各阶段净辐射日变化主要受向下短波辐射的影响，其变化趋势与向下短波辐射一致。

图 3-28、图 3-29 分别为不同天气条件下，观测区各试验站点感热通量和潜热通量的平均日变化。可以看出，感热通量和潜热通量的平均日变化趋势与净辐射相似，但由于感热通量和潜热通量的变化还受下垫面、环流等复杂环境的影响，即使在晴天，它们的变化也不如净辐射那样简单平滑。

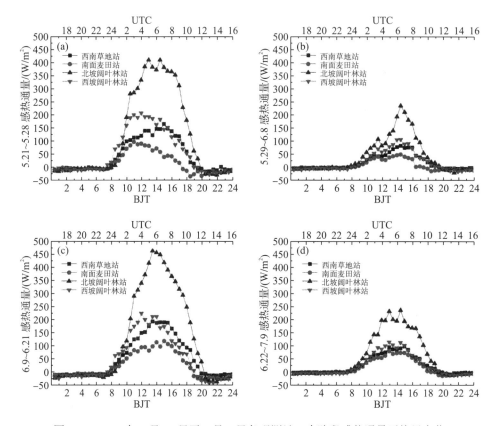

图 3-28   2013 年 5 月 21 日至 7 月 9 日各观测站 4 个阶段感热通量平均日变化

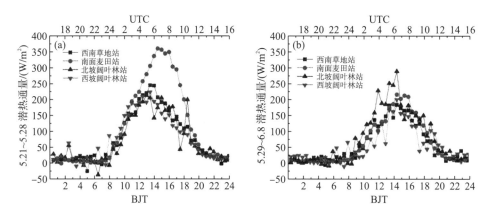

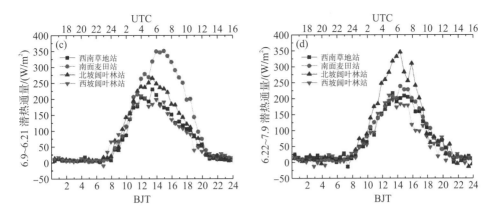

图 3-29　2013 年 5 月 21 日至 7 月 9 日各观测站 4 个阶段潜热通量平均日变化

对比 4 个阶段感热通量的平均日变化(图 3-28),晴天各试验站感热通量的振幅几乎是阴雨天的 2 倍,在相同的天气条件下,不同下垫面的感热通量日变化也有很大的差异。与前面的结果一致,北坡阔叶林站在 4 个阶段其感热通量均为最大,晴天,该站的感热通量日变化峰值可达 460.09W/m² (第三阶段),而阴雨天仅为 235.35W/m² (第四阶段);南面麦田站感热通量的日变化值最小,晴天,该站的感热通量日变化峰值最大为 116.84W/m² (第三阶段),而阴雨天为 79.68W/m² (第四阶段)。需要强调的是,不同天气条件下相关的感热通量存在差异,北坡阔叶林站晴天约为阴雨天的 2 倍,南面麦田站约为 1.5 倍;不同地形下相关的感热通量也存在差异,地形较陡的北坡阔叶林站晴天(阴雨天)约为地势平坦的南面麦田站的 4 倍(3 倍),说明青藏高原复杂地形环境对于感热通量的影响大于天气条件的影响。

不同天气条件下感热通量的日循环变化(图 3-28)与净辐射相似,晴天观测区各试验站感热通量变化差异较阴雨天明显。晴天各试验站一、三阶段偏差指数分别为 122.99W/m²、121.98W/m²,而阴雨天二、四阶段偏差指数分别为 42.47W/m²、52.33W/m²。同样,各站一、二、三阶段比例差异较小,每阶段各站比例平均值约为 35%,而第四阶段约为 13%,这种差异应该是受降水的影响,第四阶段是降水量最大的阶段,除北坡阔叶林站以外,其他各站感热通量差异较小。由图 3-28 还可以看出,各站感热通量日变化峰值出现的时间差异也很大,南面麦田站和西坡阔叶林站在 12:00 达到日变化峰值,而西南草地站和北坡阔叶林站在 14:30 达到峰值;阴雨天,各站均在 14:30 达到峰值,与净辐射相似,在第四阶段 14:00 出现“凹”形点。

由图 3-29 可知,潜热通量的日变化波动较大,其受天气状况的影响也很大,但各阶段潜热通量的变化并没有感热通量那么明显。阴雨天,虽然地表土壤很湿润,有充足的水汽源可供地面潜热通量蒸发,但阴雨天太阳对地面的辐射加热作用很弱,近地层所具有的蒸发力相对也很小。所以,阴雨天实际上造成的潜热通量蒸发量仍然很小,与一般的晴天没有太大差别。并且,晴天南面麦田站的潜热通量在白天远远大于其他站点,其峰值达到 359.48W/m²,这是因为其下垫面完全被小麦和草覆盖,夏季此时段正是植被生长的时期,麦田的潜热通量蒸发大大加强,阴雨天地表加热作用的减弱抑制了蒸发力,麦田站的潜热通量明显减小。另外,在阴雨天气[图 3-29(b)、(d)],南面麦田站、西坡阔叶林站、西南草地站的潜热通量变化基本一致，但北坡阔叶林站的潜热通量有所不同，明显大于其他 3 站，由于北坡阔叶林站位于河谷北面阳坡上，而其他 3 站位于河谷南部，说明在阴雨天，不同地形对于潜热通量有明显的影响。

3.8.3　青藏高原林芝地区环流特征

图 3-30 给出了 2013 年 5 月 21 日至 7 月 9 日青藏高原及其邻近地区 850hPa 平均风场和降水分布。从平均风场可看出，随着 5 月印度夏季风开始爆发，孟加拉湾地区被西风控制，由于山脉的阻挡作用，在孟加拉湾中部西风逐渐转为偏南风，有一低槽稳定建立(以下简称孟加拉湾槽)，存在闭合低压，槽前的西南气流将水汽向北输送，从而影响青藏高原南部、东南部以及我国华南、西南地区。观测区受南亚季风活动的影响，在一、三阶段，槽前的西南气流较弱，青藏高原南侧风速较小且不稳定，甚至还有弱的偏东风和偏北风；与此对比，二、四阶段青藏高原南侧维持一致的偏南气流，且风速明显增强，给高原带来更加丰富的水汽，有利于降水的形成。进一步对比土壤热通量和向下短波辐射的逐日变化(图 3-23)，当有云或降水天气时(二、四阶段)，地表向下的短波辐射弱，感热通量和潜热通量均减小；反之亦然。从降水分布看，孟加拉湾槽前的西南气流加强，输送到我国的水汽增多，降水范围逐渐扩大。

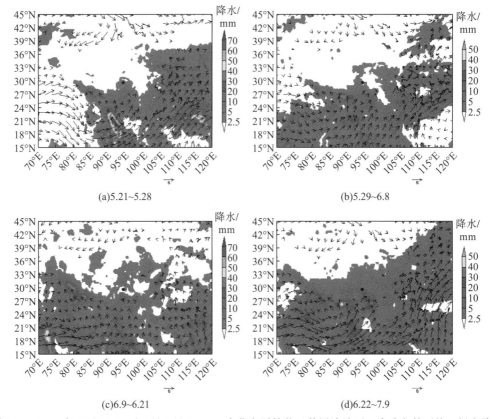

图 3-30　2013 年 5 月 21 日至 7 月 9 日 850hPa 青藏高原林芝及其周边地区 4 个阶段的平均风场和降水

注：图中黑色圆点代表林芝观测区所在位置。

从 700hPa 环流场(图 3-31)可以看出，由于受高原地形的影响，气旋性环流前的偏南气流在将水汽向北输送的过程中，在高原南侧边缘产生绕流，引发降水。与 850hPa 相似，在第一阶段和第三阶段，高原南侧的偏南气流较弱，同时伴有弱的偏东风和偏北风。因此，这期间能够到达观测区站点附近的水汽较少，不易形成降水，各站点天气较晴朗，向下短波辐射强，感热通量和潜热通量较大；在第二阶段和第四阶段，孟加拉湾北部的偏南气流较强，将孟加拉湾的水汽源源不断地向高原输送，有利于形成降水，导致太阳向下短波辐射变弱，地表感热通量和潜热通量均减小。

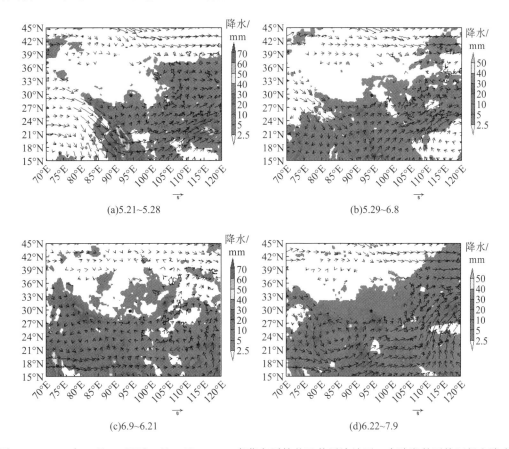

(a)5.21~5.28

(b)5.29~6.8

(c)6.9~6.21

(d)6.22~7.9

图 3-31　2013 年 5 月 21 日至 7 月 9 日 700hPa 青藏高原林芝及其周边地区 4 个阶段的平均风场和降水

注：图中黑色圆点代表林芝观测区所在位置。

图 3-32 为试验期间青藏高原林芝及其周边地区 500hPa 平均环流场。可以看出，第一阶段，高原主体盛行西风气流，在孟加拉湾上空为深厚的槽，孟加拉湾北部存在一个弱的闭合低压，高原南侧的弱东风和北风气流减弱了水汽向林芝地区的输送，因此，该阶段试验观测区天气晴好；第二阶段，高原上西风气流减弱使得高原南侧的南风能把孟加拉湾的水汽输送到我国青藏高原地区，在林芝站上空，充足的水汽输送易成云致雨；第三阶段，林芝地区整体风速减小，孟加拉湾北部的偏南风转变为偏东风，高原东南部有弱的东北气流，此时，林芝站位于脊前，天气晴好，向下短波辐射强，地表感热通量和潜热通量增大；

第四阶段,在印度和孟加拉湾上空存在一个稳定的闭合低压,低压前的西南气流将来自阿拉伯海和孟加拉湾的水汽输送到林芝站附近,因此,这期间有一次明显的降水过程。

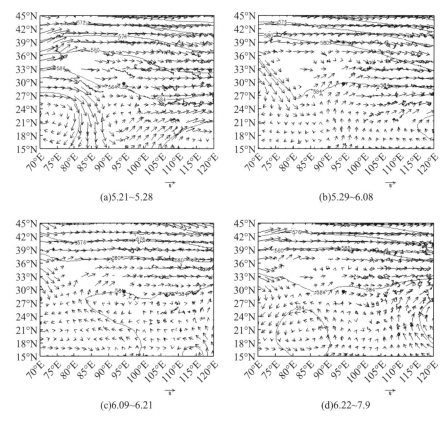

(a)5.21~5.28   (b)5.29~6.08

(c)6.09~6.21   (d)6.22~7.9

图3-32 2013年5月21日至7月9日500hPa青藏高原林芝及
其周边地区4个阶段的平均风场和位势高度场

注:图中黑色圆点代表林芝观测区所在位置。

3.9 小 结

(1)利用藏东南地区地气交换观测试验数据,分析了不同天气状况下草地、农田、森林等下垫面的辐射过程特征。研究结果表明,藏东南地区不同下垫面上的总辐射均呈现出明显的日变化规律,属于我国太阳辐射能分布的高值区,典型阴天各下垫面总辐射日峰值与典型晴天天气下的总辐射日峰值差值不大,但日均值显著减小。反射辐射日变化趋势与总辐射变化一致,变化曲线比总辐射离散,阴天地表反射辐射受总辐射和下垫面的综合影响,且下垫面类型对反射辐射日峰值的影响较大。向上长波辐射日变化幅度和量值都大于向下长波辐射,下垫面类型对向下长波辐射基本上没有影响。向下短波辐射对地气能量交换有主导作用,各站点感热通量、潜热通量的逐日变化趋势与向下短波辐射一致。无论是晴天还是阴雨天,向下短波辐射对不同物理性质下垫面的能量交换所起的作用是相同的。

当天气晴好,向下短波辐射强时,地表感热通量和潜热通量均较大;反之亦然。净辐射具有明显的日变化特征,和总辐射的相位一致。净辐射强度随着天气变化的波动比较明显,无论是白天还是夜间,阴天净辐射日均值仅为晴天时的一半左右。无论是晴天还是阴雨天,各观测点均在 14:00~14:30 达到净辐射日变化峰值。

(2) 利用藏东南地区进行的地气交换观测试验数据,分析了不同天气状况下草地、农田、森林等下垫面地气能量交换特征。研究结果表明:①藏东南地区近地层能量交换过程是多种下垫面上的交换过程综合作用的结果。无论是晴天还是阴雨天,农田下垫面潜热通量和土壤热通量日峰值均明显大于草地和森林,且相同下垫面时阴坡大于阳坡;感热通量日峰值则出现在阳坡森林下垫面上,而阴雨天地形对潜热通量的影响更为明显。除森林阳坡晴天以潜热通量输送为主、阴雨天以感热通量输送为主以外,其余 3 种下垫面无论是晴天还是阴雨天均是以潜热通量输送占主导,这与藏北高原地区夏季潜热通量输送占主导地位一致,同时也表明在青藏高原复杂地形下,感热通量与潜热通量的相对重要性具有明显的区域尺度差异。②藏东南地区不同下垫面湍流热通量具有不同的日变化特征,且地形对于感热通量的影响更为显著。藏东南地区近地层能量通量具有明显的日变化特征,感热通量和潜热通量的平均日变化趋势与净辐射相似,但由于感热通量和潜热通量的变化还受下垫面、环流等复杂环境的影响,即使在晴天,它们的变化也不如净辐射那样简单平滑。对比分析感热通量的平均日变化表明,在相同的天气条件下,不同下垫面的感热通量日变化也有很大的差异,表明青藏高原复杂地形环境对于感热通量的影响大于天气条件的影响。

(3) 利用藏东南地区地气交换观测试验数据,分析了典型晴天和阴天条件下,不同下垫面湍流热通量的能量分配特征。研究结果表明:①在典型晴天条件下,草地、农田、森林阳坡和森林阴坡下垫面潜热通量占净辐射的比例分别为 0.4、0.5、0.32 和 0.27,感热通量占净辐射的比例分别为 0.2、0.1、0.3 和 0.2,土壤热通量占净辐射的比例分别为 0.17、0.28、0.03 和 0.24;②在典型阴天条件下,草地、农田、森林阳坡和森林阴坡下垫面潜热通量占净辐射的比例分别为 0.45、0.43、0.42 和 0.38,感热通量占净辐射的比例分别为 0.17、0.16、0.62 和 0.12,土壤热通量占净辐射的比例分别为 0.06、0.17、0.02 和 0.05;③4 种下垫面均是潜热通量占净辐射的比例大于感热通量,该地区能量主要用于水蒸发相变,用于大气运动引起的感热通量交换的能量相对较少,用于土壤加热的土壤热通量最少。

(4) 利用藏东南地区的地气交换观测试验数据,计算分析了 2013 年 5 月 21 日至 7 月 9 日草地下垫面上的空气动力学粗糙度、热力粗糙度、动量和热力传输系数等地气交换参数。①空气动力学粗糙度为 6.9cm,大于高原中部和西部地区,且受气流来向的地形影响明显,不同风向对应的空气动力学粗糙度有较大差异。②热力粗糙度平均值为 $8.6×10^{-3}$m,远小于高原的其他地区,从而导致该地区热传输附加阻尼大于高原其他地区。同时,热传输附加阻尼具有白天大、夜间小的明显日变化特征。③10m 高度动量传输系数平均值为 $5.8×10^{-3}$,大于高原其他地区。10m 高度热力传输系数平均值为 $2.8×10^{-3}$,与高原其他地区差别不大。而该地区动量传输系数大于热力传输系数,不同于高原其他地区。动量传输系数和热力传输系数均有日变化,白天大、夜间小,且热力传输系数日变化大于动量传输系数。

(5) 利用藏东南地区的地气交换观测试验数据,计算分析了 2013 年 5 月 21 日至 7 月

9 日农田下垫面上的空气动力学粗糙度、热力粗糙度、动量和热力传输系数等地气交换参数。①空气动力学粗糙度为 14.7cm,与在我国其他地区农田下垫面得到的结果较为相近。②热力粗糙度平均值为 0.36m,远大于高原其他地区。同时,热传输附加阻尼平均值为 1.1,小于高原其他地区,也比同地区的草地下垫面上的值小。③10m 高度动量传输系数平均值为 1.02×10^{-2},远大于高原其他地区,其日变化小于草地下垫面。热力传输系数具有日变化,白天大、夜间小,但在夜间有大值出现,其出现原因尚不清楚,10m 高度平均值为 6.65×10^{-3},大于高原其他地区。而该地区动量传输系数大于热力传输系数,不同于高原其他地区。动量传输系数和热力传输系数均有日变化,白天大、夜间小,且热力传输系数日变化大于动量传输系数。

(6)利用藏东南地区进行的地气交换观测试验数据,选取草地、农田和森林 3 类典型下垫面,提出了地气热交换非均匀率的概念和计算方法,定量评价藏东南地区大气参数和地气能量交换的不均匀性,结果表明,藏东南复杂下垫面地区地气交换具有明显的非均匀性。藏东南地区湍流热通量存在明显的非均匀性,感热通量交换非均匀率为 56%,潜热通量交换非均匀率为 23%,总热量交换非均匀率为 16%,波文比非均匀率达到 62%。

(7)在藏东南地区地气交换观测试验期间南亚夏季风已经爆发,并在 2013 年 6 月中旬和下旬分别出现了一次季风偏南位相和偏北位相,大尺度对流活动相应地也呈现偏南和偏北移动。基于藏东南地区进行的地气交换观测试验资料,结合大尺度环流资料,研究了藏东南地区复杂下垫面状态下地气交换的总体特征及其与南亚夏季风的关系。研究表明,南亚夏季风演变对藏东南地区的地气交换过程有重要影响,其主要是通过调整局地的大气辐射、热力和水汽状况来完成。

(8)在各站向下短波辐射基本一致的情况下,地形较陡的北坡阔叶林站感热通量远大于其他 3 个站点;下垫面植被覆盖最多的南面麦田站潜热通量最大。各站能量通量有明显的日变化特征,晴天感热通量和净辐射明显大于阴雨天,而潜热通量随天气状况变化不大。青藏高原复杂地形环境比不同天气条件对于感热通量的影响更显著;不同地形阴雨天时对于潜热通量有明显的影响。当南亚季风槽前的西南暖湿气流影响到林芝地区时,该地区以阴雨天为主,反之则以晴天为主。林芝地区地气通量的月内变化明显受南亚季风活动的影响。

第4章 藏东南地区复杂下垫面 WRF 参数化方案适用性评估

4.1 藏东南地区复杂下垫面 WRF 陆面方案适用性评估

本章采用 WRF V3.6.1 模式对藏东南地区草地下垫面上的地气交换进行了数值模拟。利用野外试验观测资料，选取少云个例天气，通过对比观测与模拟的地表净辐射、感热通量、潜热通量、土壤热通量，评估了 WRF 不同陆面方案在藏东南草地下垫面地气交换研究中的适用性。

4.1.1 个例选择

通过分析观测期间日降水总量以及辐射逐日变化，选择 2013 年 6 月 10～20 日降水较少、少云天气个例进行数值模拟研究。

4.1.2 数值试验方案

选用目前使用最广泛的 WRF 区域模式系统，该模式有 7 个陆面方案，其中 SSiB 陆面方案无法在本书研究区域内获得合理的模拟结果，因此选取 5-Layer thermal、NOAH、NOAH-MP、RUC、CLM4、PX 六个陆面方案分别进行数值模拟试验，对各方案在藏东南地区的适用性进行评估。为评估不同陆面方案所模拟的地气交换差别，所有试验中均选择 revised-MO 近地面方案和 YSU 边界层方案。所有试验中采用 RRTMG 长、短波辐射方案，Thompson 云微物理方案，KF 积云对流参数化方案。

试验采用三重嵌套，水平分辨率分别为 15km、3km、1km。模拟网格如图 4-1 所示。地表植被类型来自美国地质勘探局(United States Geological Survey，USGS) 30s 分辨率资料，初始和边界气象场为水平分辨率 0.75°的 ERA-Interim 再分析资料。

4.1.3 试验分析

对模拟的每 1h 一次的辐射、感热通量、潜热通量、土壤热通量以及地表温度与观测进行了比较，计算了其平均日变化并统计了平均值、平均误差(mean error，MB)、平均绝对误差(mean absolute error，MAE)、均方根误差(root mean square error，RMSE)和相关系数(R)。

$$\mathrm{MB} = \frac{\sum_{i=1}^{n}(x_i - y_i)}{n}$$

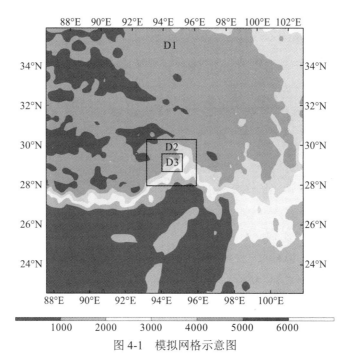

图 4-1 模拟网格示意图

注：阴影为地形高度，D1、D2、D3 分别表示数值试验的网格。

$$MAE = \frac{\sum_{i=1}^{n} |x_i - y_i|}{n}$$

$$RMSE = \sqrt{\frac{\sum_{i=1}^{n} (x_i - y_i)^2}{n-1}}$$

$$R = \frac{\sum_{i=1}^{n} (x_i - \bar{x})(y_i - \bar{y})}{\sqrt{\sum_{i=1}^{n} (x_i - \bar{x})^2 (y_i - \bar{y})^2}}$$

式中，n 为序列长度；x_i 和 y_i 分别为观测值和模拟值；$\bar{x}$ 和 $\bar{y}$ 为对应平均值。

表 4-1 给出了观测与不同陆面方案模拟的净辐射、向下短波辐射、净短波辐射、净长波辐射的平均值(MEAN)、平均误差(MB)、平均绝对误差(MAE)、均方根误差(RMSE)和相关系数(R)。

表 4-1 观测与不同陆面方案模拟的净辐射、向下短波辐射、净短波辐射、净长波辐射统计量

	参数	OBS	5-Layer thermal	NOAH	RUC	NOAH-MP	CLM4	PX
NR	MEAN/(W/m²)	139.07	189.39	171.34	158.31	133.02	187.10	180.33
	MB/(W/m²)	—	50.32	32.26	19.24	−6.05	48.03	41.26
	MAE/(W/m²)	—	72.43	60.54	64.58	63.28	82.99	67.49
	RMSE/(W/m²)	—	124.10	100.26	104.07	94.65	134.64	117.39
	R	—	0.91	0.93	0.92	0.92	0.91	0.92

续表

	参数	OBS	5-Layer thermal	NOAH	RUC	NOAH-MP	CLM4	PX
DR	MEAN/(W/m²)	296.60	351.44	358.25	347.99	360.44	345.80	355.37
	MB/(W/m²)	—	54.84	61.64	51.38	63.84	49.19	58.77
	MAE/(W/m²)	—	89.99	83.28	88.48	88.44	99.15	91.12
	RMSE/(W/m²)	—	174.73	167.04	173.48	174.94	184.08	177.38
	R	—	0.91	0.93	0.92	0.92	0.90	0.92
Net SW	MEAN/(W/m²)	242.60	284.67	281.68	281.83	289.44	288.22	285.83
	MB/(W/m²)	—	42.07	39.08	39.24	46.84	45.63	43.23
	MAE/(W/m²)	—	72.33	65.77	70.70	69.55	83.55	72.34
	RMSE/(W/m²)	—	140.11	128.93	138.93	139.13	153.78	140.38
	R	—	0.91	0.93	0.92	0.92	0.90	0.92
Net LW	MEAN/(W/m²)	−103.5	−82.7	−93.7	−110.4	−153.5	−104.48	−92.7
	MB/(W/m²)	—	20.79	9.79	−6.89	−50.03	−0.96	10.77
	MAE/(W/m²)	—	34.29	32.86	33.83	57.35	30.35	31.56
	RMSE/(W/m²)	—	43.76	41.20	44.95	79.47	38.95	39.69
	R	—	0.82	0.86	0.83	0.85	0.81	0.83

注：OBS 为 observation，代表观测值；NR 为净辐射；DR 为向下短波辐射；Net SW 为净短波辐射；Net LW 为净长波辐射。

1. 辐射

图 4-2 为不同陆面方案模拟的辐射平均日变化。

可以看出，所有方案均能模拟出净辐射 (net radiation，NR) 日变化，但在中午 NR 较大时段模拟的误差较大。NOAH-MP 方案模拟的 NR 略低于观测值，但其在所有方案中最接近观测值，而其他方案均高估了该地区的 NR。结合表 4-1 可知，WRF 的 NOAH-MP 方案模拟的藏东南地区净辐射的 RMSE 最小，NOAH 方案次之，而 CLM4 方案的误差最大。

各方案模拟的向下短波辐射 (DR) 比较接近，但所有方案均高估了 DR，主要表现为中午前后模拟的 DR 偏大，其中 CLM4 方案在上午和下午模拟的 DR 偏小，因而 MB 最小，但是该方案的 MAE、RMSE 最大，以及 R 最小。观测到中午有少许云存在，因而辐射最大不超过 1000W/m²，而模式对云的模拟效果比较差，尤其是当少量云存在时，很难准确模拟出高原地区的云。高原积云尺度小，受到陡峭地形和背景天气系统的共同影响。现有模式和再分析资料难以准确再现藏东南地区短波辐射。

所有方案均高估了净短波辐射 (Net SW)，主要表现为中午前后模拟的 Net SW 偏大，其中 CLM4 方案在上午和下午模拟的 Net SW 偏小，因而其 MB 最小，但是该方案的 MAE、RMSE 最大，以及 R 最小。结合表 4-1 可知，NOAH-MP 方案和 CLM4 方案给出的 Net SW 误差最大，Net SW 误差主要由 DR 误差所致。

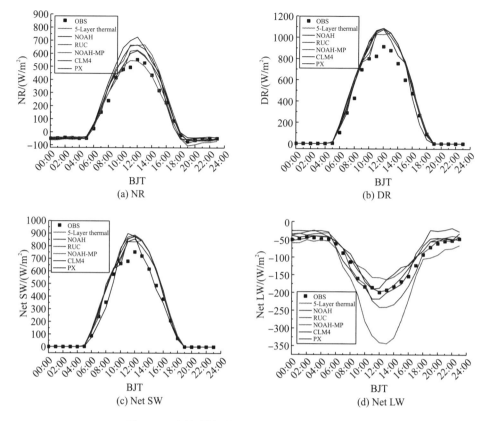

图 4-2   观测与模拟的辐射平均日变化(见彩版)

所有方案均模拟出了净长波辐射(Net LW)日变化趋势，但各方案间的差别很大。NOAH-MP 方案的误差最大，其中午最大误差可超过−300W/m²，CLM4 方案的误差最小，但其相关系数最小。长波辐射与云量和水汽量均有很大关系，说明模式在藏东南地区长波辐射相关量的模拟中存在较大问题。

综上，就辐射而言，NOAH 方案最为接近观测，而 CLM4 方案和 NOAH-MP 方案误差较大。

2. 感热通量

图 4-3 为 WRF 不同陆面方案模拟的感热通量平均日变化。由图 4-3 可见，所有方案均能模拟感热通量日变化且夜里误差很小，但在中午感热通量较大时段模拟的误差较大且各方案间差别很大。除 NOAH-MP 方案外，其他方案均高估了该地区的感热通量。其中，CLM4 方案 MB 最小，仅为 6.63W/m²，但 R 最小，表明该方案模拟的感热通量逐日变化比较差；NOAH 方案的 R 最大；RUC 方案的误差最大，如 RUC 得到的极大值为 410W/m²，而观测得到的极大值为 236W/m²，其 MB 高达 66.63W/m²(表 4-2)。

因此，WRF 的 CLM4 方案模拟的藏东南地区感热通量平均误差最小但相关性最差；NOAH 相关性最好；RUC 方案的误差最大，PX 方案次之。

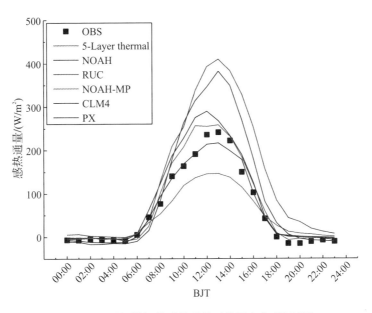

图 4-3　观测与模拟的感热通量平均日变化(见彩版)

表 4-2　观测值与 WRF 不同陆面方案模拟的感热通量、潜热通量、土壤热通量、地表温度的统计量

	参数	OBS	5-Layer thermal	NOAH	RUC	NOAH-MP	CLM4	PX
感热通量	MEAN/(W/m²)	63.24	76.29	84.19	129.88	47.84	69.88	99.06
	MB/(W/m²)	—	13.04	20.94	66.63	−15.4	6.63	35.82
	MAE/(W/m²)	—	37.69	36.57	73.09	38.65	40.07	51.87
	RMSE/(W/m²)	—	61.83	62.06	110.95	66.31	68.60	86.93
	R	—	0.83	0.85	0.82	0.84	0.77	0.83
潜热通量	MEAN/(W/m²)	69.82	86.64	80.72	48.00	60.02	71.17	30.31
	MB/(W/m²)	—	16.821	10.89	−21.82	−9.79	1.35	−39.50
	MAE/(W/m²)	—	37.50	28.97	48.36	37.51	31.97	42.64
	RMSE/(W/m²)	—	60.43	46.81	79.10	62.31	55.11	74.03
	R	—	0.83	0.87	0.72	0.73	0.81	0.82
土壤热通量	MEAN/(W/m²)	−16.56	−26.78	−9.77	−20.13	−25.14	−20.36	−49.98
	MB/(W/m²)	—	−10.23	6.78	−3.57	−8.58	−3.79	−33.42
	MAE/(W/m²)	—	94.16	20.91	41.71	76.69	46.19	46.45
	RMSE/(W/m²)	—	132.52	28.04	53.39	94.68	63.21	63.96
	R	—	0.52	0.89	0.88	0.88	0.83	0.76
地表温度	MEAN/℃	24.41	18.73	22.50	25.80	28.57	19.29	21.31
	MB/℃	—	−5.67	−1.90	1.39	4.17	−5.12	−3.09
	MAE/℃	—	6.10	4.24	5.61	5.53	6.55	4.75
	RMSE/℃	—	8.64	5.23	6.82	7.20	9.26	6.64
	R	—	0.92	0.94	0.87	0.91	0.92	0.92

3. 潜热通量

图 4-4 为 WRF 不同陆面方案模拟的潜热通量平均日变化。由图可见，5-Layer thermal、NOAH 方案和 CLM4 方案高估了该地区的潜热通量，而其他 3 个陆面方案均低估了该地区的潜热通量。NOAH 方案和 CLM4 方案的潜热通量平均日变化与观测值符合得比较好，其中 CLM4 方案模拟的 MB 最小，仅为 1.35W/m^2，但其相关系数较小；NOAH 方案的 MAE 最小，且相关系数最大。RUC 方案很大程度上低估了潜热通量，得到的极大值为 167W/m^2，而观测得到的极大值为 224W/m^2，其 MB 高达-21.82W/m^2。

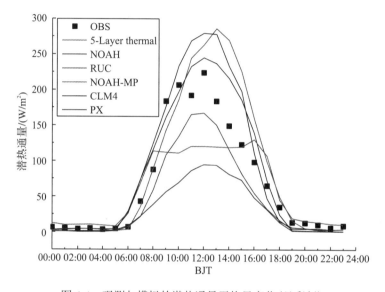

图 4-4　观测与模拟的潜热通量平均日变化(见彩版)

由表 4-2 可知，PX 方案很大程度上低估了潜热通量，MB 为-39.50W/m^2，而 NOAH-MP 方案给出的潜热通量在白天没有明显的峰值。

因此，NOAH 方案和 CLM4 方案模拟的藏东南地区潜热通量最为接近观测值，但 CLM4 方案模拟的相关系数较小；RUC 方案、PX 方案和 NOAH-MP 方案的误差较大。

4. 土壤热通量

图 4-5 为 WRF 不同陆面方案模拟的土壤热通量平均日变化，负值表示从地表向下输送。模式通常高估了白天地表向下的输送通量和夜里土壤向大气输送的通量，表明陆面方案对藏东南地区地气间能量分配的模拟能力有待提高。其中，NOAH 方案略高估了土壤热通量，其 MAE、RMSE 和 R 在所有方案中表现最好；NOAH-MP 方案给出的土壤热通量误差极大，如平均向下传输极大值接近 300W/m^2，远远高于观测的 111W/m^2。

因此，WRF 的 NOAH 方案模拟的藏东南地区土壤热通量最为接近观测结果；各方案均高估了白天的向下输送通量，而 NOAH-MP 方案的误差极大。

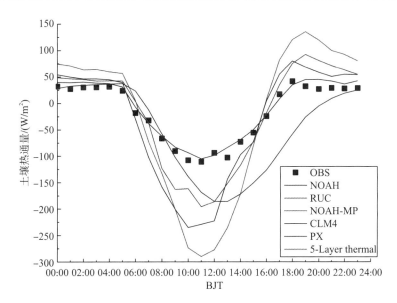

图 4-5　观测与模拟的土壤热通量平均日变化(见彩版)

5. 地表温度

在地气交换过程中,地表温度是一个重要的物理量,直接影响数值模式中对地气间的动量、感热通量和潜热通量传输系数的计算。图 4-6 为 WRF 不同陆面方案模拟的地表温度平均日变化,观测的地表温度来自草地下垫面上的自动气象站,观测时温度探头上半部分裸露在外,下半部分为土壤所覆盖。

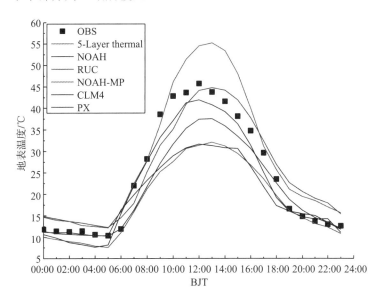

图 4-6　观测与模拟的地表温度日变化(见彩版)

由图 4-6 可见,除 NOAH-MP 方案外,其他陆面方案均低估了该地区的地表温度。其中,NOAH 方案和 RUC 方案的结果最接近观测值,特别是 NOAH 方案的 MAE、RMSE

和 R 在所有方案中表现最好(表 4-2)。NOAH-MP 方案给出平均地表温度极大值为 55℃，远大于观测的 46℃。5-Layer thermal 方案和 CLM4 方案严重低估了地表温度，其平均日极大值不超过 32℃。

因此 NOAH 方案模拟的藏东南地区地表温度最接近观测结果；5-Layer thermal 方案和 CLM4 方案的误差较大。

4.2 藏东南地区复杂下垫面WRF边界层 参数化方案适用性评估

藏东南地区是青藏高原复杂下垫面的典型代表，其边界层大气过程异常复杂，给数值模拟和预报带来很大困难。大气边界层参数化方案的选取关系到能否正确模拟和预报局地大气过程。基于藏东南地区复杂下垫面地气交换观测试验资料，采用中尺度数值模式 WRF 模拟了 ACM2、YSU、BouLac、MYJ 及 QNSE 五种边界层参数化方案对于藏东南地区非均一下垫面条件下的大气边界层高度及风、温、湿垂直结构，分析了边界层参数化方案在该地区的适用性。

4.2.1 资料及天气背景

选用的观测资料来自 2013 年 5 月 21 日至 7 月 9 日藏东南地区复杂下垫面地气交换观测试验，观测站点位于朗嘎村，地处雅鲁藏布江一东西走向的河谷中，地势较为平坦开阔，站点附近地表以稀疏灌木为主，河谷中包含农田、草地、河滩等下垫面。

由于边界层的结构受到降水、强风等天气背景的影响显著，为研究边界层参数化方案对晴天条件下藏东南地区边界层的结构和日变化的模拟能力，选取观测期间内无明显天气过程的时间区间。由天气图(图略)分析可知，6 月 11 日，高原上空为高压(400hPa)，林芝地区位于高压东侧，风向为偏北风。6 月 13~18 日，由于林芝地区位于副热带高压带中，主要受西风和偏南风控制。观测时段内，无大尺度天气系统过境和明显的降水过程，天气晴好，云量较少。图 4-7 为 2013 年 6 月 11~18 日，自动气象站观测的气温、气压和

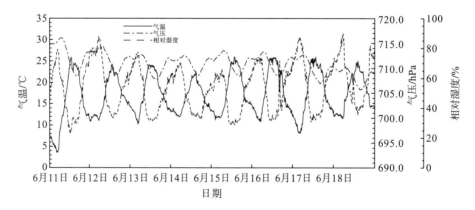

图 4-7　2013 年 6 月 11~18 日测站气温、气压和相对湿度时间序列

相对湿度的时间序列。由图可知,该时段内气温、气压和相对湿度表现出明显的日变化特征,平均值分别为 17.0℃、710hPa 和 53.5%。气压和相对湿度呈同位相变化,与气温变化位相相反,该时段各变量强度无剧烈变化,因此选取 2013 年 6 月 11 日 00:00 至 6 月 18 日 23:00(北京时间)的观测和模拟结果进行对比分析。

4.2.2 试验方案

1. 试验设计

本模拟区域中心点为 94.5°N、29.4°E,采用三重嵌套网格,模式水平分辨率为 25km、5km 和 1km,三重嵌套区域的网格格点数为 76×76、71×71、101×101,模拟区域如图 4-8(a)~(c)所示。模式层顶气压为 200hPa,垂直方向共 41 层,为了更加准确地模拟大气边界层结构,采用上疏下密的分层方法,其中距地面 3000m 以内共 25 层。选用欧洲中期天气预报中心(European Centre for Medium-Range Weather Forecasts)分辨率为 0.75°×0.75°一日四次再分析资料 ERA-Interim 作为初始场和边界条件。采用波士顿大学(Boston University)/美国国家环境预报中心(National Centers for Environmental Prediction,NCEP)提供的基于 2001 年 1~12 月中分辨率成像光谱仪数据生成的 30″分辨率土地利用/土地覆被数据。图 4-8(d)~(f)为模式三重嵌套区域的植被覆盖类型分布。由图 4-8 可知,整个藏东南地区以草地为主,第二重嵌套网格内以开放灌丛、常绿针叶林、草地和混合森林为主,观测站点周围土地使用类型复杂多样,附近以草地为主。在最内层嵌套网格中,分布面积最多的为开放灌丛和常绿针叶林,分别占 24.44%和 24.3%,其次是混合森林及草地,分别占 21.5%和 16%。模式中,微物理过程采用 WSM3 方案,短波辐射采用 Dudhia 方案,长波辐射采用 RRTM 方案,积云参数化方案选取 Kain-Fritsch 方案,在最内层嵌套网格不进行积云参数化,陆面过程采用 NOAH 参数化方案。结合降水和地面辐射数据,选取 2013 年 6 月 11~18 日的少云天气个例进行分析和数值模拟。

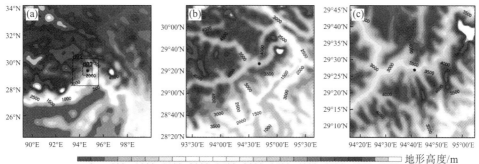

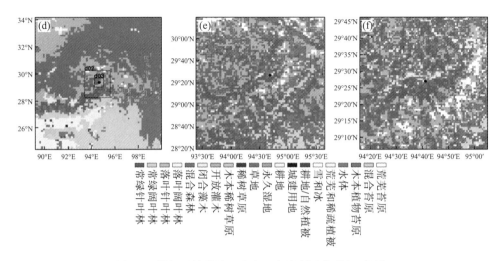

图 4-8　模拟区域的地形分布及土地利用类型(见彩版)

(a)模拟区域的嵌套分布；(b)、(c)第二重和第三重模拟区域地形分布；(d)模拟区域的最外层；

(e)、(f)第二重和第三重模拟区域土地利用类型

　　边界层过程的参数化，关键是确定湍流交换系数 K。一种参数化方法基于通量梯度理论，以 ACM2 和 YSU 为代表。另一种基于湍动能(turbulent kinetic energy，TKE)，以 BouLac、MYJ、QNSE 等方案为代表。K 的计算包括局地和非局地两种，局地 K 计算垂直梯度时，仅考虑邻近格点的影响，非局地 K 不仅考虑邻近格点的影响，还考虑整个边界层格点的影响。

　　考察 WRF 模式模拟中常用的 ACM2、YSU、BouLac、MYJ 和 QNSE 边界层参数化方案对边界层结构和日变化模拟结果的影响，各参数化方案主要计算公式如表 4-3 所示。ACM2 方案采用一阶闭合局地与非局地混合 K 方案，在非局地传输的基础上增加了涡度扩散量，计算格点脉动通量，其中局地混合与非局地混合的比例由参数 f_{conv} 决定。YSU 边界层参数化方案采用一阶闭合非局地 K 理论，对中尺度预报方案 MRF 进行了改进，添加非局地梯度调整项表征湍流扩散，并将边界层顶的夹卷过程显式化。ACM2 和 YSU 两种参数化方案均采用临界理查森数计算边界层顶高度。MYJ、BouLac 和 QNSEF 边界层参数化方案为 1.5 阶闭合局地方案，格点脉动通量由该点平均量决定，采用湍动能(TKE)计算湍流扩散系数。无论是对流边界层还是稳定边界层，均采用局地垂直混合和扩散的方式，并根据湍动能的垂直分布计算边界层顶高度。BouLac 方案中，湍动能闭合方案扩散项的动量垂直扩散系数、热扩散系数和湍动能扩散系数相同，在 MYJ 方案中，这 3 种系数取不同值，且混合长度等常数的定义与 BouLac 不同。QNSE 方案在 MYJ 方案的基础上进行了修正，将波动项引入湍流输送，用于稳定边界层和弱对流边界层模拟。对应于上述边界层参数化方案，分别选取不同的近地层参数化方案与之对应，其中 ACM2、BouLac 和 YSU 采用 MM5 M-O 方案，MYJ 采用 M-O 方案，QNSE 采用 QNSE 近地层方案。

表 4-3　边界层参数化方案比较

参数化方案	闭合方案假设	计算公式	参数及意义	对流边界层计算方法
ACM2	一阶闭合局地+非局地 K 方案	$\dfrac{\partial C_i}{\partial t} = f_{conv}\,\mathrm{Mu}\,C_1 - f_{conv}\,\mathrm{Md}_i\,C_i$ $+ f_{conv}\,\mathrm{Md}_{i+1}\,C_{i+1}\dfrac{\Delta z_{i+1}}{\Delta z_i}$ $+ \dfrac{\partial}{\partial z}\left[K_c(1-f_{conv})\dfrac{\partial C_i}{\partial z}\right],$ $f_{conv} = \left[1+\dfrac{k^{-2/3}}{0.1a}\left(-\dfrac{h}{L}\right)^{-1/3}\right]^{-1}$	$K = \kappa \omega_s z\left(1-\dfrac{z}{h}\right)^2$	$h = Ri_{cr}\dfrac{\theta_{vs}\left\|U(h)\right\|^2}{g(\theta_{vh}-\theta_s)}$ $Ri_{cr}=0.25$
YSU	一阶闭合非局地 K 方案	$\dfrac{\partial c}{\partial t} = \dfrac{\partial}{\partial z}\left[K_c\left(\dfrac{\partial c}{\partial z}-\gamma_c\right)\right.$ $\left.-\overline{(w'c')}_h\left(\dfrac{z}{h}\right)^3\right]$	$K_M = \kappa \omega_s z\left(1-\dfrac{z}{h}\right)^2,$ $K_H = Pr^{-1}K_M$	$h = Ri_{cr}\dfrac{\theta_{vs}\left\|U(h)\right\|^2}{g(\theta_{vh}-\theta_s)}$ 稳定: $Ri_{cr}=0.25$ 不稳定: $Ri_{cr}=0$
BouLac	1.5 阶闭合局地 TKE 方案	$\dfrac{\partial e}{\partial t} = -\overline{u'w'}\dfrac{\partial u}{\partial z} - \overline{v'w'}\dfrac{\partial v}{\partial z} + \dfrac{g}{\theta}\overline{w'\theta'}$ $-\dfrac{\partial}{\partial z}\left(\dfrac{\overline{w'p'}}{\rho}+ew'\right)-\varepsilon,$ $K_c = S_c l_m e^{0.5}$	$K = 0.4 l_m e^{0.5}$	TKE 减小至 $0.1\mathrm{m}^2/\mathrm{s}^2$
MYJ	1.5 阶闭合局地 TKE 方案		$K = l_m e^{0.5} f_{sb}$	TKE 减小至 $0.1\mathrm{m}^2/\mathrm{s}^2$
QNSE	1.5 阶闭合局地 TKE 方案		$K = 0.55\alpha_{M,h}l_m e^{0.5}$	TKE (z_{k+1}) 减小至 $0.005\mathrm{m}^2/\mathrm{s}^2$

注：C_i 为任一标量(质量混合率)在模式层 i 的值；Mu 为向上混合率；Md_i 为第 i 层到第 $i-1$ 层的向下混合率；f_{conv} 为控制局地和非局地行为程度的关键参数；a 为常量，取 7.2；κ 为卡门常数；L 为莫宁-奥布霍夫长度；c 为任一诊断变量，包括经/纬向风、位温、湿度、不同种类的水文参数等；ACM2、YSU 参数化方案中 K_c 为涡扩散系数；γ_c 为局地梯度矫正项，它引入了大尺度涡对总通量的贡献；$(\overline{w'c'})_h$ 为逆温层通量；K_M 为动量扩散系数；K_H 为热量扩散系数；z 为距地表的高度；h 为边界层高度；Ri_{cr} 为临界理查森数；Pr 为普朗特数；θ_{vs} 为表面虚位温；θ_{vh} 为 h 高度处的虚位温；θ_s 为地表位温；BouLac、MYJ、QNSE 参数化方案中，K_c 为 TKE 闭合方案中的扩散项；S_c 为系数；e 为湍动能；ε 为分子运动导致的湍动能耗散项；l_m 为动量长度尺度。

2. 边界层高度

常见的大气边界层高度计算方法包括气块-干绝热法、整体理查森数法和垂直梯度法等。由于位温在混合层中近似为常数，而在混合层以外迅速变大，白天边界层顶存在明显的顶盖逆温，因此，可以定义顶盖逆温层底部高度为边界层高度。研究表明，采用温度梯度法能得出最合理的边界层高度估计。综合分析观测期间所有探空资料，取垂直位温梯度临界值为 12K/km，达到该位温梯度的高度即为逆温层底高度。夜间边界层高度采用地面逆温层厚度表征。采用探空资料获得的位温廓线来计算白天和夜间的边界层高度。对探空数据进行野点剔除，在垂直方向上线性插值，使其分辨率为 50m。采用泊松方程计算位温，即

$$\theta = T\left(\frac{p_{00}}{p}\right)^{R/c_p} = T\left(\frac{p_{00}}{p}\right)^{\kappa}$$

式中，T 为温度；p 为气压；p_{00} 为标准气压(常取 1000hPa)；$\kappa \approx 0.286$。未饱和湿空气位温常用干空气位温值代替。

虚位温 θ_v 与位温 θ 的关系为

$$\theta_{\mathrm{v}} = \theta(1 + 0.608q)$$

式中，q 为比湿。

采用虚位温梯度法计算边界层高度，垂直梯度采用中央差分法计算，即

$$\frac{\partial \theta_{\mathrm{v}}}{\partial z} = \frac{\theta_{\mathrm{v}}(z_{n+1}) - \theta_{\mathrm{v}}(z_{n-1})}{2\nabla z}$$

其中，∇z 为垂直方向上的高度差，取 50m；n 表示垂直方向第 n 层。

若无特殊说明，则本书所用高度均为相对高度。

3. 地面温度

为避免地温观测过程中，由于探头露出地表受到太阳辐射直接作用，产生较大观测误差，本书中采用观测的向上和向下长波辐射数据，利用斯特藩-玻尔兹曼(stefan-Boltzmann)公式计算地温，即

$$\varepsilon \sigma T_{\mathrm{sfc}}^4 = L_{\uparrow} - (1 - \varepsilon) L_{\downarrow}$$

式中，T_{sfc} 为地温，K；ε 为发射率，采用 Zheng 等(2014)的结果，在该地区取 0.98；σ 为斯特藩-玻尔兹曼常数 $[5.669 \times 10^{-8} \mathrm{W}/(\mathrm{m}^2 \cdot \mathrm{K}^4)]$；$L_{\downarrow}$ 和 $L_{\uparrow}$ 分别为向下和向上长波辐射，$\mathrm{W/m}^2$。

4. 比较方法

将模式的模拟结果与观测值进行比较，计算相关系数(R)、平均偏差(mean bias error，MBE)、平均绝对误差(MAE)和均方根误差(RMSE)等统计指标评估模式的模拟能力。各统计指标计算方法如下：

$$\begin{cases} R = \dfrac{\displaystyle\sum_{i=1}^{n}(x_i - \overline{x})(y_i - \overline{y})}{\sqrt{\displaystyle\sum_{i=1}^{n}(x_i - \overline{x})^2(y_i - \overline{y})^2}} \\[4ex] \mathrm{MBE} = \dfrac{\displaystyle\sum_{i=1}^{n}(x_i - y_i)}{n} \\[4ex] \mathrm{MAE} = \dfrac{\displaystyle\sum_{i=1}^{n}|x_i - y_i|}{n} \\[4ex] \mathrm{RMSE} = \sqrt{\dfrac{\displaystyle\sum_{i=1}^{n}(x_i - y_i)^2}{n-1}} \end{cases}$$

式中，n 为序列长度；x_i 和 y_i 分别为观测值和模拟值；$\overline{x}$ 和 $\overline{y}$ 为对应均值。

采用 Wang 和 Zeng(2012)评估再分析资料的评分方法，分别依据相关系数、平均偏差、平均绝对误差和均方根误差，将 5 种参数化方案的模拟效果分为 1～5 级。其中，相关系数最大评分为 5，最小评分为 1；平均偏差最小评分为 5，平均偏差最大评分为 1；平均绝对误差和均方根误差与平均偏差评分方法一致。综合上述 4 种指标，评分最高的参数化方案，模拟效果最优。

4.2.3　试验分析

1. 边界层热力结构

1) 水汽混合比

大气边界层与下垫面之间存在水汽交换,边界层内水汽的含量和分布直接影响大气中云的形成,改变辐射并影响大气内部的热力平衡过程。对边界层内湿状况模拟的好坏,是边界层参数化方案是否合理的重要体现。

图 4-9 为 6 月 11～18 日 02:00 和 14:00 探空仪观测和模拟的水汽混合比垂直廓线。由图可知,无论是下午还是夜间,近地面水汽混合比均维持在 7.5～8g/kg,水汽混合比在边界层内随高度升高逐渐减小。距离地面 2000m 以内的高度,模拟的水汽混合比均较实际观测偏湿,距地面 3000m 以上,不同边界层参数化方案模拟的水汽混合比基本能够再现观测得到的水汽混合比垂直分布。水汽混合比模拟与观测的误差在垂直方向上分布不均匀,主要集中在距地面 3000m 以内。水汽混合比偏差在下午大于夜间,表明模式对于地气间水分湍流交换的强度模拟偏强。距地面 2500～4500m 的高度范围内,模拟与实际观测偏差小于 0.5g/kg。在所有的边界层参数化方案中,ACM2 方案与实际观测的结果偏差最大,最大偏差可达 1g/kg。

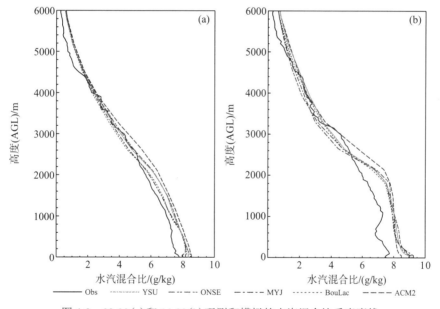

图 4-9　02:00(a)和 14:00(b)观测和模拟的水汽混合比垂直廓线

注:图中纵坐标"高度"表示地面以上(above ground level,AGL)的高度。后同。

为了对水汽混合比模拟效果进行定量比较,表 4-4 对 5 种边界层参数化方案模拟的水汽混合比进行了统计分析。统计变量的计算结果表明,水汽混合比在夜间的模拟效果好于下午,且这种结果不依赖于边界层参数化方案的选取。边界层参数化方案对水汽混合比的评分结果表明,基于 TKE 的边界层方案对于水汽混合比的模拟效果好于非局地 K 理论方案，对于夜间稳定的边界层，MYJ 边界层参数化方案的总体模拟效果最好，而下午对流边界层 BouLac 方案模拟结果与观测值最为接近。非局地 K 理论的方案中，YSU 方案模拟的水汽混合比较好，ACM2 方案对水汽混合比的模拟结果在所有参数化方案中效果最差，无论是稳定边界层还是对流边界层。

表 4-4　02:00 和 14:00 模式模拟的水汽混合比垂直分布与实际观测值的统计比较

方案	R		MBE/(g/kg)		MAE/(g/kg)		RMSE/(g/kg)	
	02:00	14:00	02:00	14:00	02:00	14:00	02:00	14:00
ACM2	0.9977	0.9919	0.5498	0.6430	0.5533	0.6526	0.3714	0.6479
BouLac	0.9918	0.9885	0.1921	0.4195	0.3426	0.5320	0.1557	0.4490
MYJ	0.9936	0.9822	0.2134	0.3345	0.3134	0.5980	0.1319	0.5377
QNSE	0.9963	0.9847	0.3671	0.3887	0.3799	0.6361	0.1982	0.6170
YSU	0.9952	0.9891	0.3392	0.5212	0.3743	0.5962	0.1968	0.5246

2) 位温垂直分布和边界层高度

图 4-10 为 2013 年 6 月 11~18 日 02:00 和 14:00 平均位温模拟值及位温偏差的垂直分布。从观测的平均位温垂直廓线可以看出，夜间为典型的稳定边界层，由于夜间的辐射冷却，近地面存在典型的辐射逆温层。下午大气边界层为典型的对流边界层，由于地面辐射对大气的加热作用，近地面为超绝热逆温层，距离地面 3000m 的混合层顶部为卷夹层。由图可知，模拟的夜间和下午时刻位温在垂直方向与观测存在偏差，且偏差垂直分布不均匀，下午时刻模拟的偏差与夜间模拟位温偏差也存在差异。距地面 2000m 以下的大气边界层，夜间各参数化方案模拟的位温均较观测值偏低，其中 ACM2 方案模拟偏差最小，平均偏差约为 1.5K，其次为 YSU 方案；MYJ 和 QNSE 方案模拟偏差较大，平均偏差约为 2.5K。2200~5000m 高度，模拟的垂直位温分布均较观测高，最大模拟偏差位于距地面 3000m 和 4200m 高度，偏差值分别为 2K 和 1.5K。下午，各高度层上模拟的位温均较实际观测值偏高，最大偏差约为 4K，位于距离地面约 3000m 高度附近。该高度层为边界层

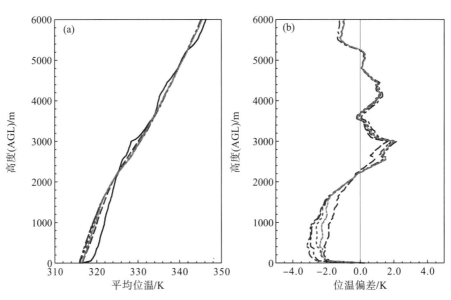

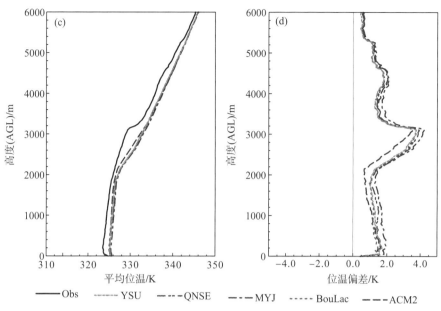

图 4-10　02:00[(a)、(b)]和 14:00[(c)、(d)]平均位温及位温偏差随高度的分布

顶部的顶盖逆温层的平均高度，表明各边界层参数化方案对卷夹层的模拟效果较差，在顶盖逆温层较弱时，整层边界层位温模拟误差较小。距离地面 2000m 以内高度范围内，ACM2方案位温模拟最接近观测值，MYJ 方案模拟的偏差最大。3000~6000m 高度，各边界层参数化方案模拟偏差较为一致，且偏差随高度升高而减小。

　　对各参数化方案模拟的 0~6000m 高度位温的平均值和实际观测值进行统计分析，结果如表 4-5 所示。对比分析平均偏差和均方根误差可知，与水汽混合比相同，所有的边界层参数化方案对于稳定边界层的位温垂直廓线模拟偏差要小于对流边界层的模拟偏差，表明 WRF 模式对于湍流交换较弱的大气过程模拟较为准确，对湍流交换较强的边界层过程模拟效果较差。所有边界层参数化方案模拟的位温，在夜间偏低，平均最大偏差约为 0.5K，下午偏高，平均最大偏差约为 1.8K。就 6000m 以内位温模拟结果而言，ACM2 方案在藏东南地区无论是 02:00 还是 14:00，评分均为最好，在 5 种方案中都具有最好的模拟效果，其次是 YSU 方案和 BouLac 方案，而 MYJ 方案和 QNSE 方案模拟偏差较大，表明在地形起伏、下垫面复杂的山地地区，基于 K 理论的边界层参数化方案对位温垂直结构的模拟效果优于基于 TKE 理论的边界层参数化方案。

表 4-5　02:00 和 14:00 模式模拟的平均位温垂直分布与实际观测值的统计比较

方案	R		MBE/K		MAE/K		RMSE/K	
	02:00	14:00	02:00	14:00	02:00	14:00	02:00	14:00
ACM2	0.9940	0.9954	−0.3827	1.4122	0.9899	1.4122	1.3166	2.4857
BouLac	0.9903	0.9939	−0.4560	1.5178	1.2254	1.5178	2.1870	2.9708
MYJ	0.9886	0.9936	−0.5193	1.8356	1.3507	1.8356	2.6466	4.1133
QNSE	0.9902	0.9941	−0.6032	1.6241	1.2663	1.6241	2.5658	3.3125
YSU	0.9914	0.9944	−0.4153	1.5227	1.1510	1.5227	1.8834	2.9486

边界层高度是表征大气边界层特性的重要物理参数，将自由大气与边界层区分开来，不仅关系到边界层内污染物的混合、输送、扩散等微物理过程，而且是中尺度模式和全球气候数值模式中的重要参数，对空气质量预报模型和天气气候数值模式的模拟效果具有重要影响。图 4-11 给出了采用探空廓线位温梯度法计算的边界层高度和采用不同参数化方案模拟的观测点附近边界层高度的逐日变化。可以看出，通过探空资料计算的藏东南地区边界层高度存在明显的日变化特征，观测期间，夜间稳定边界层高度均在 200m 以下，而下午边界层高度普遍较平原地区高，均在 3000m 以上。所有的边界层参数化方案，均能反映出边界层高度的日变化特征，参数化方案选取的不同，直接影响边界层高度的模拟结果。夜间边界层高度的模拟结果与观测值较为一致，但模拟的下午边界层高度均低于同时刻的观测值。从对边界层高度模拟的结果上看，采用 TKE 理论的边界层参数化方案的模拟结果，较采用 K 理论的边界层参数化方案更接近观测值。通过分析可知，QNSE 方案相对较好，模拟的下午边界层高度更接近观测值；MYJ 方案较差，模拟的白天边界层高度最低，与观测值相差最大。采用 K 理论的 ACM2 方案和 YSU 方案中，ACM2 方案模拟的边界层高度较 YSU 方案高，但模拟结果均较 QNSE 方案差。采用 TKE 理论的方案中，QNSE 方案模拟效果最好，MYJ 方案和 BouLac 方案模拟效果相当，这可能是由于 QNSE 参数化方案确定边界层高度时，湍动能的临界值较小。

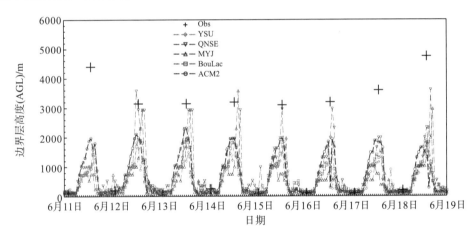

图 4-11　采用各种参数化方案模拟及通过探空数据计算的边界层高度

2. 边界层动力结构

边界层内风场的垂直分布，不仅受到大尺度天气系统的影响，同时也与地形和下垫面状况有关。图 4-12 和图 4-13 分别为观测和 5 种边界层参数化方案模拟的 2013 年 6 月 11～18 日 02:00 和 14:00 距地面 6000m 以内的风向随高度的变化。由于南亚高压的影响，6 月 11 日和 6 月 12 日距地面 3000m 以上以偏北风为主，13～18 日以西风和偏南风为主。除 6 月 11 日以外，距地面 1000～3000m 的高度内，夜间风向均以偏南风为主。距地面 1000m 以下的低层，由于受到山谷风等局地环流的影响，风向变化较大。采用各种边界层参数化方案得到的风向垂直变化与观测基本一致。下午，风向随高度的变化与夜间具有一定的相似性，由于白天湍流充分发展，加上局地环流作用，边界层中上层风向随高度变化更加

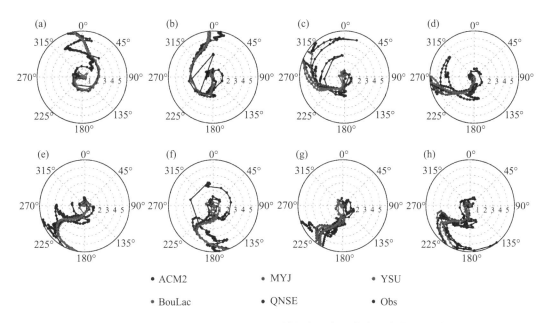

图 4-12　6 月 11～18 日 02:00 观测和模拟的风向随高度的变化(见彩版)

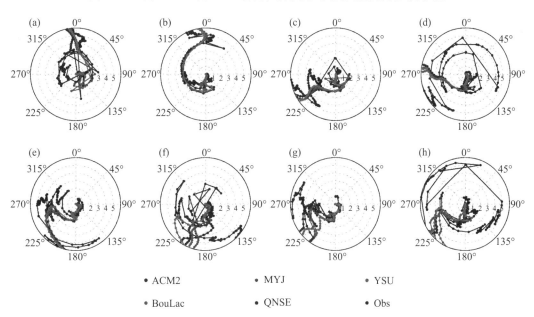

图 4-13　6 月 11～18 日 14:00 观测和模拟的风向随高度的变化(见彩版)

呈现随机性的特征。受山谷走向的影响，距离地面 1000m 以内的对流边界层底部，下午风向以偏东风为主。2000～3000m 的对流层中高层，以偏西风和偏南风为主。对比分析夜间和下午风向随高度的变化可知，边界层参数化方案对夜间风向的模拟更加准确，对白天模拟的误差较大，各边界层参数化方案之间对风向模拟的偏差不明显。

为了对风速模拟偏差的垂直分布进行分析，图 4-14 给出了夜间[图 4-14(a)～(c)]和下午[图 4-14(d)～(f)]水平风速、纬向风分量和经向风分量平均偏差随高度的分布。如图所示，由于地形的阻挡，观测期间，夜间稳定边界层和下午对流边界层低层风速均较弱，导致对风速无法准确模拟。在夜间距地面 400～1000m 的低层，MYJ 方案、BouLac 方案和 QNSE 方案的纬向风方向与观测值一致，但风速偏低，近地层纬向风模拟偏强。1000～4000m 范围内，各参数化方案模拟的纬向风与实际观测值之间存在正偏差，最大偏差约为 4m/s。在 600～4600m 高度范围内，各参数化方案模拟的夜间偏南风也均较观测值偏大。下午，除近地面外，边界层中低层模拟的纬向风与观测值基本一致，风速模拟偏差主要来自经向风，各参数化方案模拟的偏南风较观测值偏大 2～3m/s。距地面 1000m 以下高度内，YSU 方案在所有时刻对经向风和纬向风模拟的偏差最小。

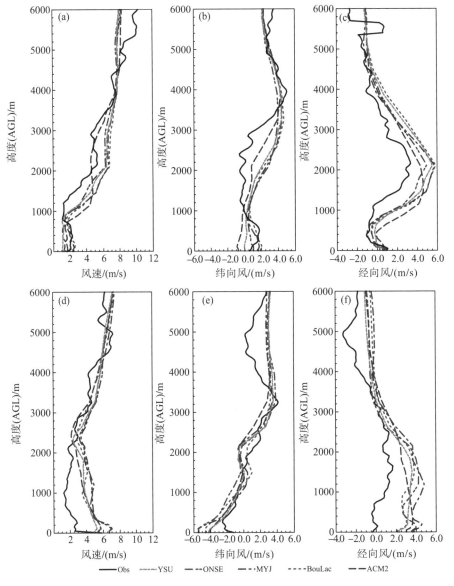

图 4-14　02:00［(a)～(c)］和 14:00［(d)～(f)］观测和模拟的平均风速［(a)、(d)］，纬向风［(b)、(e)］和经向风［(c)、(f)］的垂直廓线

计算整层平均的纬向风和经向风与实际观测资料的相关系数、偏差和均方根误差可知，模式模拟的纬向风分量，在下午比夜间模拟效果好，而经向风分量夜间模拟状况略好于白天。所有的参数化方案中，ACM2 方案模拟的纬向风效果最好，经向风的模拟中，ACM2 方案模拟的结果最接近实际观测，其次是 QNSE 方案、YSU 方案，而 BouLac 方案和 MYJ 方案模拟的偏差最大。

4.2.4　讨论

(1) 模拟地气温与观测值之间的偏差，午后强于夜间。近地面地气温模拟结果不仅与陆面参数化方案有关，也同样依赖于边界层参数化方案的选取。各边界层参数化方案模拟的 2m 气温和地温平均值均较观测值偏低；模式对于非均一下垫面、复杂地形地区，午后地温模拟值偏差较夜间偏大。

(2) 由于藏东南地区地形剧烈起伏，地形和下垫面对边界层大气过程的影响尚不完全清楚，且模式中的地形、植被类型分布、植被覆盖率、土壤湿度等变量与实际存在误差，导致数值模式在该地区模拟的结果与实际观测存在一定偏差。

4.3　WRF 对藏东南地区复杂下垫面地气交换过程的数值模拟

利用中尺度模式 WRF 对藏东南地区草地下垫面地气交换过程进行了模拟，分析模式对感热通量、潜热通量、土壤热通量、地气交换参数、辐射等变量的模拟结果与观测值的异同点。评估 WRF 模式中常用的近地层参数化方案在藏东南地区地气交换模拟过程中的适用性。

4.3.1　个例模拟

1. 试验方案

用 WRF 模式对 2013 年 6 月 10 日的藏东南地区地气交换过程进行个例模拟，当天为晴天少云。采用双重嵌套，模式中心点为 94.69°E、29.45°N，第一重格距为 15km，网格数为 75×75，第二重格距为 3km，网格数为 71×71，垂直层为 30 层。结果每 30min 输出一次，积分步长为 60s。物理参数化方案：边界层方案选用对近地面风和气温模拟效果较好的 YSU 方案，陆面方案为 NOAH 方案，近地层方案为莫宁-奥布霍夫(Monin-Obukhov)方案，微物理过程方案为 WSM3 类简单冰方案，长波辐射方案为 RRTM 方案，短波辐射方案为 Dudhia 方案，积云参数化方案为浅对流卡因-弗里奇(Kain-Fritsch)(new Eta)方案。

陆地使用类型选取 USGS 资料，图 4-15 为 WRF 模式的 3km 分辨率下垫面类型，其中数字 7 代表草地下垫面，其余数字代表的下垫面类型在此不作解释。

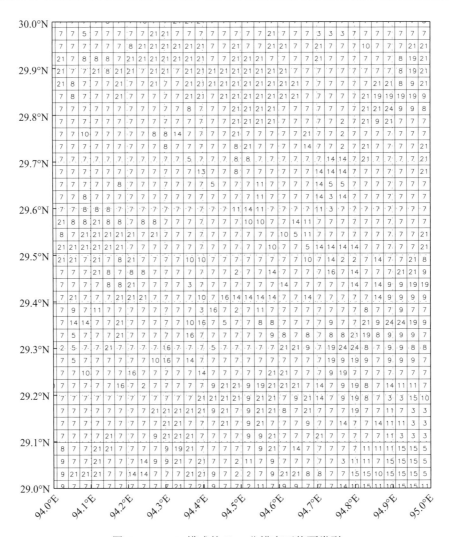

图 4-15　WRF 模式的 3km 分辨率下垫面类型

2. 试验分析

在草地观测站，分析了模拟的感热通量日变化特征。分析得到，模式模拟的感热通量的日变化与观测资料较为一致，峰值出现的时间也较为一致，均出现在北京时间 12:00～15:00，模拟的峰值可以达到 180W/m^2 左右，观测的峰值达到 150W/m^2 左右，模拟的峰值偏大约为 30W/m^2（图 4-16）。

潜热通量在白天的模拟值偏大于观测值，模拟的峰值为 420W/m^2 左右，观测的峰值为 300W/m^2 左右。模式的峰值大约出现在北京时间 14:00，观测表现为多峰值结构，峰值出现的时间为北京时间 11:00～15:00。模式在夜间（北京时间 00:00～08:00，20:00～24:00）模拟得较好，基本与观测资料相吻合（图 4-17）。模拟的潜热通量偏大，与初始土壤湿度偏大有关。

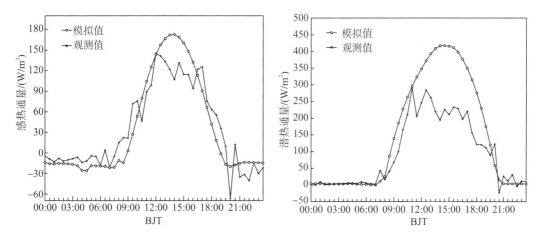

图 4-16　草地站感热通量模拟值与观测值比较　　图 4-17　草地站潜热通量模拟值与观测值比较

　　动量传输系数(C_d)有明显的日变化特征，对于 2013 年 6 月 10 日个例模拟来说，模式对 C_d 的模拟与观测数据值相差较大。整体来说，模式对 C_d 的模拟值偏小于观测值。模式与观测的峰值均出现在北京时间 12:00 左右，模式的极大值约为 0.018，而观测的极大值可以达到 0.042 左右(图 4-18)。观测显示 C_d 日变化无规律，分别在上午和午后有两个小值，模拟的 C_d 日变化相对平滑。

　　模式对向下太阳短波辐射日变化模拟非常好，基本和观测数据一致。可能因为该天为晴天少云，因此减少了云对辐射的影响作用。模式模拟的太阳短波辐射和观测数据的短波辐射峰值均出现在北京时间 14:00 左右，极大值均为 1150W/m^2 左右，模式的极大值略微大于观测值(图 4-19)。

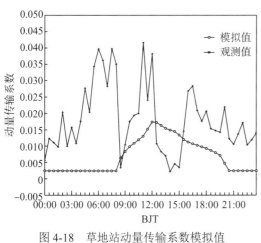

图 4-18　草地站动量传输系数模拟值
与观测值比较

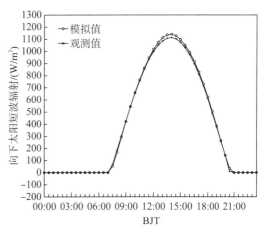

图 4-19　草地站向下太阳短波辐射模拟值
与观测值比较

　　模式模拟的净辐射值和观测数据净辐射的峰值也均出现在北京时间 14:00 左右，极大值均为 700W/m^2 左右。净辐射模拟值和观测值在夜间(北京时间 00:00~07:00，20:00~24:00)均为负值，平均值约为-80W/m^2，在白天(北京时间 08:00~19:00)均为正值(图 4-20)。

　　模式对土壤热通量的模拟相对于向下太阳短波辐射和净辐射来说误差较大,但也具有与观测较为一致的变化趋势。模拟的日变化超前于观测数据的日变化,表现为模式的土壤热通量的极大值出现在北京时间 13:00 左右,而观测的极大值出现在北京时间 15:00 左右,模式的极大值低于观测的极大值,模式的极大值为 100W/m² 左右,观测的极大值为 130W/m² 左右(图 4-21)。

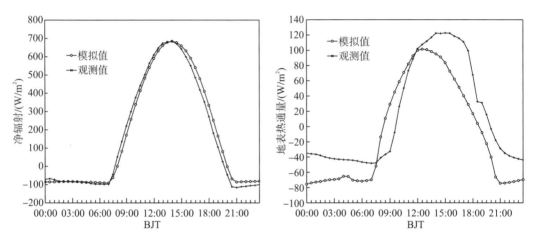

图 4-20　草地站净辐射模拟值与观测值比较　图 4-21　草地站土壤热通量模拟值与观测值比较

4.3.2　长期模拟试验

1. 试验方案

　　在综合观测时间段(2013 年 5 月 20 日至 7 月 9 日)进行了为期 51 天的长期模拟,从气候的角度,分析草地下垫面的感热通量、潜热通量、辐射以及地气交换参数的平均日变化特征。同样是选取了草地下垫面类型的模式模拟结果与观测数据进行比较分析。模式的参数设置与个例模拟相同。

2. 试验分析

　　对于草地观测站,模式模拟的 51 天的感热通量平均日变化与涡动观测的 51 天的感热通量平均日变化有较好的一致性,尤其是在夜间(北京时间 00:00～09:00,21:00～24:00),模式模拟与观测数据基本吻合,模拟效果非常好。而在白天(北京时间 09:00～21:00),模式模拟的感热通量值均大于观测的感热通量值,模式模拟的峰值出现在北京时间 14:00 左右,观测值的峰值出现在北京时间 15:00 左右,模式模拟的峰值为 210W/m² 左右,观测值的峰值为 120W/m² 左右,模拟峰值比观测峰值高出约 90W/m²(图 4-22)。

　　对于草地下垫面的潜热通量来说,模式也模拟出了潜热通量的平均日变化趋势。在夜间(北京时间 00:00～08:00,21:00～24:00),模式模拟的潜热通量与涡动观测的潜热通量基本一致,可以得出模式对潜热通量的模拟在夜间效果非常好。在白天(北京时间 09:00～21:00),模式模拟的潜热通量均高于观测的潜热通量,模式模拟的峰值约为 350W/m²,观测值的峰值约为 170W/m²,模拟峰值比观测峰值高出约 180W/m²(图 4-23)。

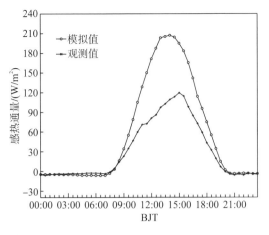

图 4-22　草地站感热通量模拟值与观测值平均日
变化对比

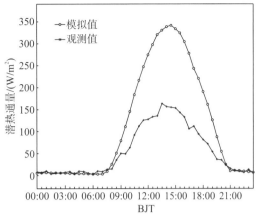

图 4-23　草地站潜热通量模拟值与观测值平均日
变化对比

对于草地站的动量传输系数 C_d，模式模拟的平均日变化与观测资料计算的平均日变化的趋势较为一致，但是模式在夜间（北京时间：00:00～08:00，20:00～24:00）模拟效果较差，在白天（北京时间：09:00～16:00）模拟效果相对较好。夜间模式模拟结果均小于观测值，模拟值基本为 0.004 左右，而观测值为 0.013 左右。白天模式模拟结果与观测结果较为一致，模拟效果相对较好，模式模拟结果和观测结果的均值均保持在 0.017 左右（图 4-24）。

模式对向下太阳短波辐射的平均日变化的模拟与观测数据的平均日变化具有一致的变化趋势。在白天，模式模拟结果大于观测值，两者的极大值均出现在北京时间 14:00 左右，模式模拟的极大值为 1050W/m² 左右，而观测值的极大值为 750W/m² 左右。模式模拟极大值比观测极大值高出 300W/m² 左右（图 4-25）。短波辐射主要受云的影响，因此认为 WRF 对该地区云的模拟能力较差。

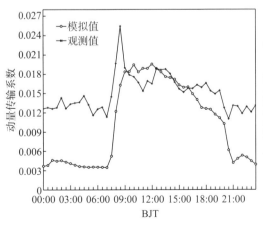

图 4-24　草地站动量传输系数模拟值与
观测值平均日变化对比

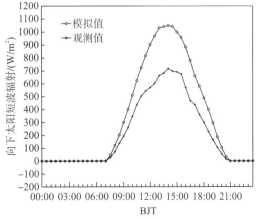

图 4-25　草地站向下太阳短波辐射模拟值与
观测值平均日变化对比

对于净辐射，模式较好地模拟出了净辐射的平均日变化，同样是在夜间模拟效果比白天好，在夜间模式模拟值与观测值均为负值，模拟值略小于观测值。在白天模式模拟值均高于观测值，模式模拟值的峰值和观测值的峰值均出现在北京时间 14:00 左右，模拟值的峰值约为 680W/m^2，观测值的峰值为 480W/m^2，模拟峰值比观测峰值高出约200W/m^2（图 4-26）。

对于土壤热通量，模式模拟值的平均日变化与观测值的平均日变化趋势较为一致，模拟值的平均日变化超前于观测值的平均日变化。在夜间土壤热通量模拟值和观测值均为负值，模拟值在夜间小于观测值，模拟值平均为-50W/m^2，观测值平均为-22W/m^2；在白天模式模拟值大于观测值，模式模拟值的峰值出现在北京时间 13:00 左右，极大值约为120W/m^2，观测值的峰值出现在北京时间 15:00 左右，极大值约为 80W/m^2，模拟极大值比观测极大值高约 40W/m^2（图 4-27）。

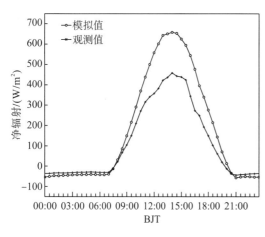

图 4-26　草地站净辐射模拟值与观测值平均日变化对比　　图 4-27　草地站土壤热通量模拟值与观测值平均日变化对比

4.4　小　　结

（1）利用藏东南地区进行的地气交换观测试验数据，选取 2013 年 6 月 10～20 日降水较少、少云天气为个例，运用 WRF 模式对藏东南地区草地下垫面上的地气交换进行数值模拟，通过对比模拟的地表净辐射、感热通量、潜热通量与相应的观测值的差异，评估了WRF 中 5-Layer thermal、NOAH、NOAH-MP、RUC、CLM4、PX 等不同陆面方案在藏东南地区草地下垫面上地气交换模拟中的适用性。结果表明，不同陆面方案模拟的藏东南地区草地下垫面上的地气交换存在很大差异，不同陆面方案对不同地气交换通量的模拟表现也不同。①除 NOAH-MP 方案外，其他方案均高估了藏东南地区的净辐射，其中 NOAH-MP方案模拟的藏东南地区净辐射 RMSE 最小，NOAH 方案次之，而 CLM4 方案的误差最大。②CLM4 方案模拟的藏东南地区感热通量平均误差最小，但相关性最差；NOAH 方案平均误差较小；RUC 方案的误差最大，PX 方案次之。③NOAH 方案和 CLM4 方案模拟的藏东南地区感热通量最接近观测值；RUC 方案误差最大，PX 方案次之。④NOAH 方案模拟的藏东南地区土壤热通量最接近观测值；各方案均高估了白天的向下输送通量，且NOAH-MP 方案的误差较大。⑤NOAH 方案模拟的藏东南地区地表温度最接近观测结果；5-Layer thermal 方案和 CLM4 方案的误差较大。⑥依据各陆面方案对净辐射、感热通量、潜热通量、地表热通量以及地表温度的综合模拟结果，NOAH 方案在藏东南地区地气交换的模拟中效果最好，而 RUC 方案效果最差且不适合于藏东南地区地气交换模拟研究。

(2) 利用藏东南地区进行的地气交换观测试验数据，采用 WRF 模式模拟了 ACM2、YSU、BouLac、MYJ 和 QNSE 五种边界层参数化方案对于藏东南地区起伏地形、非均一下垫面条件下的大气边界层高度及风、温、湿垂直结构，分析了边界层参数化方案在该地区的适用性。①观测期间，下午藏东南地区对流边界层高度均在 3000m 以上，夜间稳定边界层高度低于 500m，各参数化方案模拟的夜间边界层高度与观测值基本一致，而对流边界层的模拟较观测值偏低。边界层高度模拟结果表明，采用 TKE 理论的边界层参数化方案的模拟结果较采用 K 理论的边界层参数化方案更接近观测值。②同一种边界层参数化方案，对夜间稳定边界层和下午对流边界层的模拟能力不完全一致。对于水汽混合比的模拟，BouLac 方案和 MYJ 方案模拟较好；对于边界层位温的模拟，无论是夜间稳定边界层还是下午对流边界层 ACM2 方案都表现为最适用于藏东南地区，其次为 YSU 方案；复杂地形条件下，风场垂直分布的模拟偏差较大，近地层模拟风速较观测值偏强，对整层而言，ACM2 误差最小，而在近地面，YSU 的误差最小。③模拟地气温与观测值之间的偏差，午后强于夜间。近地面地气温模拟结果不仅与陆面参数化方案有关，也同样依赖于边界层参数化方案的选取。各边界层参数化方案模拟的 2m 气温和地温平均值均较观测值偏低；模式对于非均一下垫面、复杂地形地区，午后地温模拟值偏差较夜间偏大。④由于藏东南地区地形剧烈起伏，地形和下垫面对边界层大气过程的影响尚不完全清楚，且模式中的地形、植被类型分布、植被覆盖率，土壤湿度等变量与实际存在误差，导致数值模式在该地区模拟的结果与实际观测存在一定偏差。

(3) 选用 WRF 模式，以 2013 年 6 月 10 日为个例，分析了草地下垫面感热通量、潜热通量、土壤热通量、动量传输系数和辐射等变量的模式模拟值与观测计算值的差异。①模式较好地模拟出了感热通量和潜热通量的日变化趋势，感热通量模拟值的峰值略大于观测值的峰值，潜热通量在白天的模拟值大于观测值。②模式对动量传输系数的模拟值小于观测值。③模式对向下太阳短波辐射和净辐射的日变化模拟效果非常好，与观测值基本一致。④模式对土壤热通量的模拟结果与观测值具有较为一致的变化趋势，但模式模拟值的日变化超前于观测值。

(4) 利用 WRF 模式，对该地区草地下垫面热通量、辐射以及地气交换参数日变化特征进行为期 51 天(2013 年 5 月 20 日至 7 月 9 日)的长期模拟，并依据同期观测资料，开展模式模拟结果与观测计算结果的对比分析。①模式对感热通量、潜热通量平均日变化的模拟与观测值同时期趋势变化比较一致。感热通量和潜热通量都是在夜间(北京时间 00:00～08:00，21:00～24:00)模拟效果非常好，而在白天(北京时间 09:00～21:00)，感热通量和潜热通量的模拟值均大于观测值。②模式模拟的草地动量传输系数的平均日变化与观测资料计算得到的平均日变化的变化趋势较为一致，但动量传输系数模拟效果在夜间较差而在白天较好。③模式同样较好地模拟出了草地站向下太阳短波辐射和净辐射的平均日变化，在夜间模拟效果比白天好，且白天模式模拟值均高于观测值。④对于草地土壤热通量，模式模拟的平均日变化与观测值的日变化趋势较为一致，模式模拟的平均日变化超前于观测值的平均日变化，在夜间模拟值和观测值均为负值，模式模拟值在夜间小于观测值，而在白天模式模拟值高于观测值。

第5章 藏东南地区复杂下垫面卫星
遥感反演与评估

5.1 卫星遥感地表温度面积加权验证法

地表温度(land surface temperature，LST)是地表辐射平衡、地气能量传输中的一个重要参数。遥感卫星通过探测热红外信号，结合反演算法，可以周期性、重复性地获取全球区域 LST 信息。在众多 LST 产品中，MODIS/LST 产品因为获取免费、使用方便、时空分辨率多样、时间序列长等优势，深受研究人员的青睐，其产品现已在干旱监测、蒸散估算、城市热岛、森林火灾、气候变化等领域中有着广泛而深入的应用。

为了能确保遥感产品的准确应用，质量检验非常关键。但地表温度在时空上变化迅速的特点使得公里级 LST 产品的验证存在很大的不确定性。以往的验证工作基本都是选择平坦、均匀的下垫面，在此条件下，点状观测能很好地代表像元观测，但是地表并不总是均匀的，如复杂下垫面的藏东南地区，因此，在复杂下垫面条件下开展 LST 验证工作也十分必要。

如果是针对地表覆盖类型多样、地形起伏的复杂下垫面开展 MODIS/LST 产品验证，通常需要借助高空间分辨率热红外传感器数据(如 ASTER、TM 等)，将实地获取的单点观测扩展到区域上，然而由于此类卫星的回归周期较长，对于阴雨天气多的地区，晴天数据很难获取，限制了该方法在实际中的应用。近期有学者尝试采用陆表模型的方法，首先利用气象站点位置的 MODIS/LST 时间序列来优化陆表模型参数，而后结合 250m 分辨率的植被指数和气象数据，用优化后的陆表模型推算站点周围区域的 LST，虽然此方法物理意义明确，无须依赖其他高空间分辨率传感器数据，但计算复杂，难以推广。

综上所述，混合像元的 LST 验证很重要，但是实用方法并不多。因此，本书结合藏东南地区观测资料提出了多点同步观测数据结合面积加权的混合像元 LST 验证方法，该方法是在研究区内的几种典型下垫面上同时采集观测数据，然后根据混合像元内每种典型下垫面所占面积比例进行加权求和，推算出可以与像元尺度相匹配的 LST 信息。在藏东南林芝地区的MODIS/LST 产品验证应用表明该方法简单实用，效果令人满意。

5.1.1 MODIS/LST 产品介绍

MODIS 传感器搭载在 Terra 和 Aqua 两个极轨卫星平台上。Terra 于 1999 年 12 月 8 日发射，大约在当地时间 10:30 和 22:30 过境；Aqua 于 2002 年 5 月 4 日发射，大约在当地时间 13:30 和 01:30 过境。MODIS 传感器具有 36 个通道(0.4～14.4μm)、3 种分辨率

(250m、500m、1000m)。利用 MODIS 数据可以获取多种不同时空分辨率的产品，地表温度产品则是其中之一。

MODIS/LST 产品的反演基于分裂窗算法。该算法无须知道大气的温湿廓线，利用相邻两个通道辐射亮温(第 31 通道：10.8～11.3μm；第 32 通道：11.8～12.3μm)的线性组合来消除大气的影响。分裂窗算法首先在海温反演中得到广泛应用，后被用于 LST 反演，但由于地表不能近似为黑体，发射率的估算深刻影响着 LST 的反演精度。MODIS 的发射率估算方法是根据地表覆盖及其季节变化特征，将陆表分成 14 种发射率类型，针对每种类型，利用核驱动模型模拟热红外波段的双向反射分布函数(bi-directional reflection distribution functions，BRDF)，然后通过积分获取半球方向反射率 $\rho(\theta)$，由于发射率和反射率互补，因此发射率可以通过 $1-\rho(\theta)$ 计算得到。

MODIS 提供多种时空分辨率的 LST，本研究利用的是空间分辨率为 1km 的日产品，包括 Terra 获取的 MOD11A1 和 Aqua 获取的 MYD11A1，如果卫星过境时是晴天状态，则一天之内可以有 4 个 LST 观测值(大约为当地时间 10:30、13:30、22:30、01:30)，但在日产品中，云遮挡的情况非常普遍，容易造成 LST 数据缺失。MODIS/LST 日产品中，除了日、夜两个 LST，还提供观测时间、观测角度、发射率、晴天比例、产品质量标识等信息。

很多学者都开展了 MODIS/LST 产品验证研究。Wan 等(2004)根据 20 个晴天条件下的实地观测研究表明，在 263～322K 的变化范围内 MODIS/LST 产品误差小于 1K，而在半干旱和干旱地区，由于 MODIS 算法容易高估地表发射率，从而导致 MODIS/LST 测量值小于实际观测值。Wang 等(2008)利用 8 个站点的长时期夜间 LST 观测数据对 MODIS/LST 产品进行验证，发现在某些站点 MODIS/LST 产品可能出现 2～3K 的低估，而在其他一些站点绝对偏差不超过 0.8K。研究还表明，MODIS/LST 误差和观测角度有关，而与气温、湿度、风速、土壤湿度等因素无明显相关。Wang 和 Liang(2009)利用 2000～2007 年 SURFRAD 站点地表的长波辐射观测资料开展 Aqua MODIS/LST 夜间产品验证，发现其平均偏差为-0.2K，并认为地表的均匀程度以及辐射观测资料的准确性会影响验证结果。已有的验证工作绝大多数都在地形平坦、均一的下垫面上开展，在复杂下垫面上的验证工作还十分少见。

5.1.2　研究区域

本书研究区域为藏东南林芝地区，该地区位于青藏高原东南缘，是南亚气候系统与青藏高原相互作用的关键区，是青藏高原转运水汽的主要区域。该地区地形起伏大，天气气候复杂，受到气候恶劣、维持条件差等因素的影响，气象站点稀少。此外，林芝地区地表覆盖类型多样，混合像元非常普遍，且混杂程度高。受湿度大、云量多的影响，晴天状态下的高空间分辨率热红外数据很少。而截至 2013 年还未见到在该区域开展 MODIS/LST 产品验证的相关文献报道。如果 MODIS/LST 产品在该区域质量较好，则可在部分程度上弥补站点稀少的缺陷，具有很重要的实际应用价值，因此亟待开展这方面的研究。

2013 年 5 月 20 日至 7 月 9 日，公益性行业(气象)科研专项项目"藏东南地区复杂下
垫面地气交换观测研究"项目组在藏东南林芝及雅鲁藏布江河谷两侧开展了多点组网同
步观测试验，获取了藏东南地区复杂下垫面上的地气交换观测数据。观测站点属性、位置
以及下垫面状况如表 5-1 和图 5-1 所示。图 5-1 显示了研究区两景不同季节的假彩色合成
图(30m 空间分辨)，白色网格是 MODIS/LST 产品像元(1km 空间分辨)，可以看出观测站
点虽然彼此相距较近，但仍然位于不同的网格内，每个网格内部下垫面情况都非常复杂，
单点的测量结果很难代表像元的总体情况。

表 5-1 观测站点信息

信息	农田站	森林阴坡站	草地站	河滩站	森林阳坡站
高程/m	2939	3022	2965	2904	3166
坡度/(°)	16.9	21.7	2.5	15.5	32.7
坡向/(°)	356.5	105.5	343.7	235.8	212
距地面距离/m	1.7	1.5	1.5	1.6	1.2

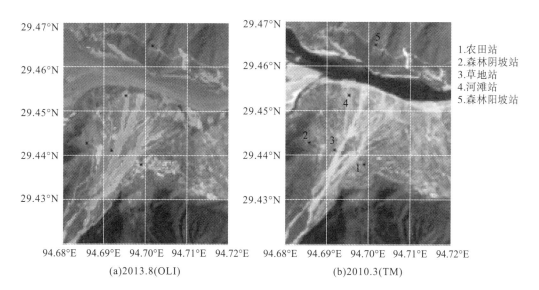

(a)2013.8(OLI)   (b)2010.3(TM)

图 5-1 研究区 30m 分辨率假彩色图像(见彩版)

5.1.3 研究方法

1. 土地覆盖分类

研究区主要有 6 种土地覆盖类型：草地、农田、河滩、水体、森林阴坡、森林阳坡，
用于分类的数据是两景 30m 分辨率的 TM 数据(图 5-1)。通过目视解译，结合 Google Earth，
从图像中为每种覆盖类型选择具有代表性的训练样本，而后利用最大似然法，得出土地覆
盖分类图。森林阴坡和森林阳坡的识别分成两步，首先是用最大似然法将林地与其他覆盖

类型区分开，然后利用 ASTER 数字高程模型（digital elevation model，DEM）（30m 分辨率）的坡向信息，将森林分成阴坡和阳坡两种，坡向为 135°～315° 的为阳坡（坡向定义：北方为 0°，顺时针增加），其他为阴坡。

2. 加权法估算 LST

根据卫星过境时间，确定地面站点观测的上行、下行长波辐射值，而后利用像元内每种土地覆盖所占面积比例信息，通过面积加权的方式获取观测站点所在 1km 像元上的上行、下行长波辐射。

$$L_\uparrow = \sum_{i=1}^5 c_i L_\uparrow^i ; \quad L_\downarrow = \sum_{i=1}^5 c_i L_\downarrow^i$$

式中，c_i 为 1km 像元内土地覆盖类型 i 所占面积比例；$L_\uparrow^i$ 和 $L_\downarrow^i$ 分别为在土地覆盖类型 i 上观测站点测量的地表上行长波辐射、下行长波辐射；$L_\uparrow$ 和 $L_\downarrow$ 分别为面积加权后 1km 像元尺度上的上行、下行长波辐射。利用斯特藩-玻尔兹曼规律，可以从长波观测中推算 1km 像元尺度上的地表温度 T_s。

上行长波辐射可表示为

$$L_\uparrow = \varepsilon_b \sigma T_s^4 + (1-\varepsilon_b)L_\downarrow$$

因此，

$$T_s = \sqrt[4]{\frac{L_\uparrow - (1-\varepsilon_b)L_\downarrow}{\varepsilon_b \sigma}}$$

式中，σ 是斯特藩-玻尔兹曼常数；ε_b 是宽波段发射率。

由于站点没有实测的宽波段发射率，我们提取了 MODIS/LST 产品中反演的第 31 通道和第 32 通道的发射率 ε_{31} 和 ε_{32}，采用了如下公式，获取宽通道发射率 ε_b：

$$\varepsilon_b = 0.4587\varepsilon_{31} + 0.5414\varepsilon_{32}$$

该公式是首先利用红外发射率数据库和 MODIS 的光谱响应函数模拟通道发射率数据，然后进行回归计算得出的经验公式。宽通道发射率考虑了发射率随波段的变化，在用于能量估算或地表温度计算时，比单通道发射率效果更好。

5.1.4　结果分析

1. 土地覆盖分类

图 5-2 为研究区 30m 分辨率土地覆盖分类图，经过目视检查，分类效果较为理想。研究区内农田、森林阴坡、草地、河滩、水体和森林阳坡所占面积比例分别为 17.73%、21.91%、24.35%、15.21%、6.21% 和 14.58%，草地和森林阴坡的比例偏高，但没有任何一种类型的比例占绝对优势，说明地表类型具有很高的多样性。表 5-2 显示了每个观测站点所在 1km² 像元内的各种土地覆盖类型比例，除森林阳坡站点外，其他站点所在 1km²

像元的内部结构都非常复杂，尤其是农田站所在的 1km² 像元内包含了农田、河滩、森林、草地等类型。除了土地覆盖类型混杂，像元内的地形变化也很明显。

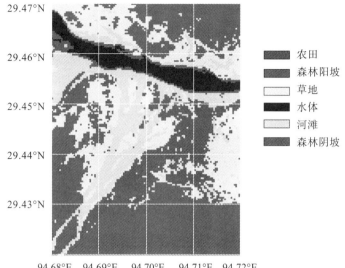

图 5-2　基于 30m 分辨率 TM 数据获取的研究区土地覆盖分类结果(见彩版)

表 5-2　每个站点所在的 1km 像元内的各种土地覆盖类型所占比例(%)

类型	农田站	森林阴坡站	草地站	河滩站	森林阳坡站
农田	35.27	21.93	10.75	14.95	0
森林阴坡	16.34	36.67	0	1.61	0
草地	13.55	40.54	36.02	25.81	8.9
河滩	32.69	0.86	53.12	32.04	3.11
森林阳坡	2.15	0	0.11	0	87.99
水体	0	0	0	25.59	0

2. 卫星反演和地面估算 LST 的对比分析

在观测期间仅有 6 月 10 日这天晴朗无云。由于白天受到太阳辐射的影响，LST 具有很强的空间异质性，随时间的变化速度也很快，而夜间 LST 空间均一性好，随时间变化缓慢，更适合产品的验证，因此只针对夜间 LST 进行分析。Terra 卫星 6 月 10 日夜间过境时间为当地时间 22:30(北京时间 6 月 11 日 00:23)，Aqua 卫星 6 月 11 日夜间过境时间为当地时间 01:12(北京时间 6 月 11 日 2:53)。

结合长波辐射信息(表 5-3)和土地覆盖比例，可以计算混合像元的 LST。表 5-4 和表 5-5 显示了两次夜间过境时，基于面积加权的长波辐射计算的 LST 和基于站点单点测量的长波辐射计算的 LST，以及卫星过境时的 LST。可以看出，综合所有样本，加权法得出的均方根误差在 1.5K 以内，而单点法的均方根误差却在 2K 以上，说明加权法的效果较好。但是对于不同类型的像元，加权法的改善程度有明显不同。

表 5-3　卫星过境时刻站点所测的上行长波辐射和下行长波辐射　　　　　　　（单位：W/m²）

像元类型	Terra 过境时刻		Aqua 过境时刻	
	上行长波辐射	下行长波辐射	上行长波辐射	下行长波辐射
农田站	338.6	263.8	330.1	261.7
森林阴坡站	356.2	259.0	345.9	257.0
草地站	344.8	249.1	336.4	249.1
河滩站	367.2	248.8	354.9	248.9
森林阳坡站	355.8	252.2	346.3	255.8

表 5-4　Terra MODIS/LST 与地面估算 LST（加权算法和单点算法）之间的对比

像元类型	加权辐射计算 LST/K	单点辐射计算 LST/K	Terra MODIS/LST/K	Terra 发射率
农田站	281.01	278.23	281.64	0.9843
森林阴坡站	280.24	281.92	283.08	0.9803
草地站	281.95	279.67	283.02	0.9793
河滩站	284.31	284.31	284.32	0.9733
森林阳坡站	281.74	281.87	282.52	0.9803
总计均方根误差	1.43	2.22	—	—

表 5-5　Aqua MODIS/LST 与地面估算 LST（加权算法和单点算法）之间的对比

像元类型	加权辐射计算 LST/K	单点辐射计算 LST/K	Aqua MODIS/LST/K	Aqua 发射率
农田站	278.95	276.44	280.02	0.9851
森林阴坡站	278.35	279.84	279.92	0.9803
草地站	279.84	277.94	279.92	0.9783
河滩站	281.77	281.77	280.78	0.9773
森林阳坡站	279.80	279.93	282.32	0.9803
总计均方根误差	1.48	2.17	—	—

　　对于地表类型混杂程度高的像元，加权方案得出的LST和MODIS/LST产品更为接近，以农田站点像元为例，基于站点辐射测量值计算的LST比 Terra 和 Aqua 的 LST 产品分别低了 3.41K 和 3.58K，如采用加权算法，与两个产品的差异则缩小到 0.63K 和 1.07K，对于草地站点像元，效果也是非常显著，加权算法将地面和卫星产品的差异从 3.35K 和 1.98K 分别减少到 1.07K 和 0.08K。

　　对于森林阳坡站点像元，加权算法和单点算法的差别很小，因为像元内地表类型较为单一，有大约 88% 的面积被森林阳坡类型所覆盖。森林阳坡站点所在的海拔较高（3166m），其周围的草地、河滩也都处于海拔较高处，而草地和河滩的观测站点位于海拔较低处（2900m），其测量值对高海拔的地区代表性有限，故加权算法没能改善森林阳坡站点像元的 LST 计算结果。

　　对于森林阴坡站点像元，加权算法比单点辐射测量结果略差。和 Terra、Aqua 两次过境时的 LST 相比,加权算法得到的 LST 误差为 2.84K 和 1.57K,而由单点算法得到的 LST 误差为 1.16K 和 0.08K。森林阴坡站点的位置比较特殊,介于森林和草地的交会处,故对于两种类型均有一定代表性,而森林阴坡站点所处 1km 像元中,地形起伏大,坡度变化大,面积加权法对此种情况的适应性降低,造成误差增加。

由表 5-4 和表 5-5 还可以看出,Terra 过境时卫星反演 LST 和地表估算 LST 更加接近,这和期望略有不符,因为从观测时间上来说,Aqua 卫星更接近于一天气温最低的时刻,同时也是地面均一性最好的时刻,Aqua 反演 LST 的精度应该更高。造成 Terra 卫星 LST 精度更高的原因可能与观测角度有关,Terra 卫星当天过境时的观测天顶角是 34°,而 Aqua 卫星当天过境时的天顶角是 63°,传感器通过在某个观测角度上获取的热红外通道的瞬时辐射亮度信息反演 LST,而地面推算 LST 用到的长波辐射测量值是半球方向的观测,由于地面发射率和辐射具有明显的方向性,因此卫星观测天顶角越大,其获取的 LST 与垂直观测获取的 LST 的差异越大。

利用加权法也可以计算研究区内其他像元的 LST,但因为其他像元没有站点实测长波辐射,因此无法进行加权法和单点法的对比。图 5-3 显示了两次卫星过境时刻,地面加权法获取的 LST 和 MODIS/LST 之间的散点图(因为没有水体上方的辐射观测值,去除了 10 个包含水体的像元,剩余 30 个)。可以看出,卫星和地面的 LST 有较好的一致性,除少部分像元外,大部分像元两种 LST 之间的差异都在 2K 以内,综合两次过境时刻的数据,均方根误差为 1.40K。与前面针对站点像元的分析结果一致,Terra 过境时刻 LST 的精度略高于 Aqua 过境时刻,两者的均方根误差分别为 1.29K 和 1.49K。

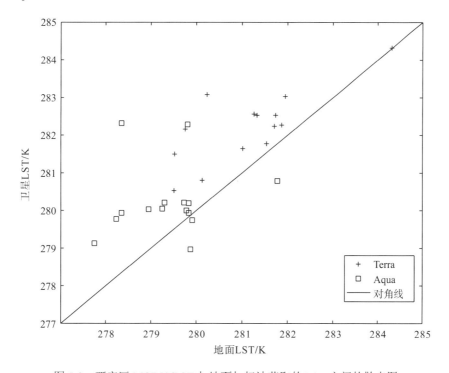

图 5-3　研究区 MODIS/LST 与地面加权法获取的 LST 之间的散点图

5.1.5　关于混合像元 LST 验证的讨论

　　混合像元的 LST 产品验证非常困难，其难点在于获取可以与卫星像元相匹配的地面观测值，研究结果显示，在缺乏高空间分辨率热红外数据的情况下，多点同时采样结合面积加权的方法，也可以在地面上获取像元尺度的地表温度，用于遥感产品的验证，该方法简单易行，关键在于选择具有代表性的站点和获取准确的地表分类图。对于地表类型混杂程度高的像元，像元内单点测量结果的代表性差，加权方法的优势明显。然而，如果像元的均一性较高，或者像元内的地形起伏很大且类型多样，面积加权法的效果有限。

　　为了进一步改进面积加权法，可以考虑引入地形修正方案。研究区地势复杂，即使对于同种土地覆盖类型，若地形特征发生变化，能量平衡过程也会随之变化，从而导致单个站点观测值对其他区域的代表性变差。地形的影响在白天显著，在夜间减弱，因此只对夜间 LST 进行了验证，故虽然没考虑地形，但仍然获得了较为满意的结果。若是对白天 LST 进行验证，是否进行地形修正将会对结果产生显著影响。如何利用单点观测推算其他地形条件下的观测值，是一个亟待解决的问题。

　　LST 产品的误差主要受到薄云、大气水汽含量、地表发射率、观测角度等因素的影响，本研究选择的观测时间晴朗无云，大气水汽含量也不高，因此主要误差来源在于地表发射率。采用的地表发射率是 MODIS/LST 产品测得的，宽波段发射率 ε_b 也是利用文献中的经验公式得到，更好的办法是实测发射率，或者利用波谱库推算宽波段发射率。但由于目前研究区还缺乏这样的数据，因此难以实施。为了评估 ε_b 对精度的影响，我们根据观测数据做了敏感性分析，发现在夜间，当上行和下行长波辐射之间的差异较小时，ε_b 变化 0.01，LST 大约变化 0.16K，而 ε_b 误差一般不会超过 0.02，说明 LST 对 ε_b 的敏感性不高，不会对结果造成很大影响，这和 Wang 和 Liang（2009）的结论相近。如果考虑到 ε_b 误差的影响，加权法的均方根误差应该为 1.11～1.80K。另外，还需要特别指出，由于加权法需要利用多台仪器同时观测，仪器的定标非常重要，若土地覆盖分类存在较大误差，也会大大降低加权法的应用效果。

5.2　空气动力学阻抗遥感估算模型适应性评估

　　感热通量是指由于温度变化而引起的大气与下垫面之间发生的湍流形式的热交换，对其进行定量研究对天气气候、农业、水文和水资源管理等意义重大，利用试验站点的通量观测数据，可以获得感热通量的局地特征，较大区域感热通量特征的获取，人们更多利用气象台站观测数据估算和卫星遥感反演。随着遥感技术的不断成熟和卫星建设的飞速发展，卫星反演地表感热通量逐渐受到关注和期待。但卫星不能直接获取空气动力学温度，只能获取地表温度，而卫星像元尺度空气动力学温度与卫星遥感地表温度存在明显差异，在卫星反演感热通量时，一般将地表温度代替空气动力学温度导致的误差通过修订空气动力学阻抗来弥补。Liu 等（2006）利用裸地和玉米地的涡动相关系统测量的空气动力学阻抗，评估了多个空气动力学阻抗计算模型，指出 Choudhury 模型、XieXianqun 模型和 Thom_1975 模型与涡动相关测量的结果有较好的一致性，空气动力学阻抗估算对粗糙度和风速最敏感，对地表温度的敏感度中等；张杰等(2010)结合 2005 年中国西北半干旱区定西试验站的小麦和苜蓿地观测资料，估算了 9 种空气动力学方法阻抗，并与涡动相关阻抗结果进行了对比，指出采用 Choudhury 模型和遥感资料反演的阻抗效果较好。

已有研究成果表明，Choudhury 模型和 Thom_1975 模型与涡动相关测量的结果有较好的一致性，但研究的下垫面局限于较平坦的庄稼地和裸地，没有对森林，更没有同时对森林阴坡和森林阳坡的分析研究。此外，已有研究表明，青藏高原具有独特的地形地貌和高原气候，在其他地区适用的经验和半经验模型在该地区往往不太适用。林芝地区位于西藏自治区东南部，年降水量在 650mm 左右，年平均气温为 8.7℃，年平均日照为 2000h，平均海拔为 3100m，山脉呈东西走向，北高南低，海拔高低悬殊，是世界陆地垂直地貌落差最大的地带，形成了特殊的热带、亚热带、温带、寒带，湿润和半湿润并存的多种气候带。林芝地区气候类型和生态环境复杂，下垫面具有很强的非均匀性，以致该地区地气交换过程也具有很强的复杂性。本研究利用藏东南地区草地、麦田、河滩、森林阴坡和森林阳坡 5 种典型下垫面的涡度相关系统测量数据，推导出空气动力学阻抗 γ_{ah}，将其作为实测值与常用的 Choudhury 模型和 Thom_1975 模型估算值进行比较，分析模型在藏东南地区的适用性，为卫星准确反演藏东南地区感热通量提供技术支持。

5.2.1　试验场地与观测

依据 2013 年 5 月 20 日至 7 月 9 日藏东南地区复杂下垫面野外观测试验资料，选取朗嘎村观测区下垫面草地、农田(麦田)、河滩、森林阴坡和森林阳坡 5 个试验点观测数据开展分析研究，各观测点观测内容见表 5-6，所有仪器每个半点都有记录数据。1 号草地试验点仪器配备最全，开展了上述所有仪器观测，余下的 4 个试验点都由涡度相关系统观测，2 号森林阳坡和 3 号森林阴坡试验点还开展了梯度观测，4 号麦田和 5 号河滩试验点还开展了自动气象站观测，5 号河滩试验点建成最晚，从 6 月 10 日 13:00 后才有通量观测数据。

表 5-6　试验场观测仪器配置

站号	站名	涡度相关系统	自动气象站	梯度观测	测风雷达	GPS 探空
1	草地	有	有	有	有	有
2	森林阳坡	有	无	有	无	无
3	森林阴坡	有	无	有	无	无
4	麦田	有	有	无	无	无
5	河滩	有	有	无	无	无

5.2.2　空气动力学阻抗 γ_{ah} 算法

1. 空气动力学阻抗 γ_{ah} 试验观测值

将地表温度代替空气动力学温度，利用涡度相关系统测量的感热通量值，可以获得空气动力学阻抗 γ_{ah}（s/m）：

$$\gamma_{ah} = \rho C_p \frac{T_s - T_a}{H}$$

式中，ρ 为空气密度，kg/m^3；T_a 为空气温度，K；H 为感热通量，W/m^2；T_s 为地表温度，K；C_p 为定压比热，取 $1004J/(kg \cdot K)$。

T_s 可利用长波辐射表测量值获得

$$T_s = \left[\frac{L_\uparrow - (1 - \varepsilon_s) L_\downarrow}{\varepsilon_s \sigma}\right]^{1/4}$$

式中，$L_\uparrow$、$L_\downarrow$ 分别是向上和向下长波辐射，W/m^2；ε_s 为下垫面发射率，依据地表类型估算；σ 为斯特藩-玻尔兹曼常数，取 $5.669 \times 10^{-8} W/(m^2 \cdot K^4)$。

2. 空气动力学阻抗 γ_{ah} 估算模型

1）Thom_1975 模型

$$\gamma_{ah} = \frac{1}{k^2 u_z}\left[\ln\left(\frac{Z - d}{Z_{0m}}\right) - \psi_m\left(\frac{Z - d}{L}\right)\right]\left[\ln\left(\frac{Z - d}{Z_{0h}}\right) - \psi_h\left(\frac{Z - d}{L}\right)\right]$$

式中，k 为卡门常数，取 0.4；u_z 为高度 Z 处的风速；Z_{0h} 和 Z_{0m} 分别是热力粗糙度和空气动力学粗糙度；d 为零平面位移；L 为莫宁-奥布霍夫长度；ψ_h、ψ_m 分别是热量传输和动量交换稳定度订正函数，在不稳定条件下有

$$\begin{cases} \psi_m = 2\ln\left(\frac{1 + x}{2}\right) + \ln\left(\frac{1 + x^2}{2}\right) - 2\arctan x + \frac{\pi}{2} \\ \psi_h = 2\ln\left(\frac{1 + x^2}{2}\right) \end{cases}$$

其中，

$$x = \left(1 - 16\frac{Z - d}{L}\right)^{1/4}$$

在稳定条件下，ψ_m、ψ_h 可表示为

$$\psi_m = \psi_h = -5\frac{Z - d}{L}$$

莫宁-奥布霍夫长度表示为

$$L = -\frac{\rho C_p u_*^3 T}{kgH}$$

式中，u_* 为摩擦风速；T 为温度，K；g 为重力加速度；H 为感热通量。

2) Thom_1977 模型

$$\gamma_{ah} = 4.72 \frac{\left[\ln\left(\dfrac{Z}{Z_{0m}} \right) \right]^2}{1 + 0.54 u_2}$$

式中，u_2 为高度 2m 处的风速。

粗糙度的计算式如下：

$$Z_0 = \exp(-6.65 + 6.38\text{NDVI})$$

式中，NDVI 为归一化植被指数。

3) Choudhury 模型

在稳定条件下，γ_{ah} 可表示为

$$\gamma_{ah} = \frac{1}{k^2 u_z} \left[\ln\left(\frac{Z-d}{Z_{0h}} \right) - \psi \right] \left[\ln\left(\frac{Z-d}{Z_{0m}} \right) - \psi \right]$$

其中，

$$\psi = \frac{b - (b^2 - 4ac)^{1/2}}{2a}$$

式中，

$$a = 1 + \eta$$

$$b = \ln\left(\frac{Z-d}{Z_{0m}} \right) + 2\eta \ln\left(\frac{Z-d}{Z_{0m}} \right)$$

$$c = \eta \left[\ln\left(\frac{Z-d}{Z_{0m}} \right) \right]^2$$

其中，

$$\eta = 5(Z-d)g\left(\frac{T_s - T_a}{T_a u_z^2} \right)$$

当 $\psi < -5$ 时，ψ 取值为 -5。

在不稳定和中性条件下，γ_{ah} 可表示为

$$\gamma_{ah} = \frac{1}{k^2 u_z (1+\eta)^{3/4}} \ln\left(\frac{Z-d}{Z_{0h}} \right) \ln\left(\frac{Z-d}{Z_{0m}} \right)$$

卫星遥感感热通量多是赋予植被高度一固定值，零平面位移高度(d)和粗糙度(Z_{0m}、Z_{0h})可利用下面的公式近似估算：

$$Z_{0m} = 0.13h$$

$$d = 0.63h$$

$$\ln\frac{Z_{0m}}{Z_{0h}} = 0.17 u_z (T_s - T_a)$$

式中，h 为作物高度。河滩 $Z_{0m} = 0.01\text{m}$，$d = 0\text{m}$。

5.2.3 分析与讨论

本研究的结论主要是为藏东南地区卫星反演晴空感热通量提供技术支持,所以选择晴空数据分析空气动力学阻抗估算模型的适用性。试验期内仅有 6 月 10 日通过晴空筛选,从图 5-4 给出的 5 种下垫面 γ_{ah} 实测与模型估算值的变化曲线可见,实测 γ_{ah} 具有明显的日变化特征,在 10:30~16:30 期间,草地 γ_{ah} 实测值在 50~130s/m 变化,麦田为 19~34s/m,森林阴坡为 26~75s/m,森林阳坡为 16~84s/m,河滩为 67~92s/m,草地振幅最大,麦田振幅最小;不同下垫面 γ_{ah} 变化不同步,最大值出现时间也不同。Choudhury 模型阴坡和阳坡的 γ_{ah} 估算值变化曲线近似平行于时间轴,不能反映 γ_{ah} 随时间的变化,但就阴坡而言,Choudhury 模型 γ_{ah} 估算误差看起来是 3 个模型中最小的,其时间变化曲线看起来很像实测曲线的线性趋势线;Thom_1977 模型估算值是 3 种模型中最小的,其变化曲线与 Choudhury 模型估算值变化曲线有较好的一致性;河滩是 5 种下垫面中估算值与实测值时间变化最吻合的,3 个模型估算的 γ_{ah} 时间变化曲线基本同步,且都较实测值小,其中 Thom_1975 模型偏差最小,Thom_1977 模型偏差最大。

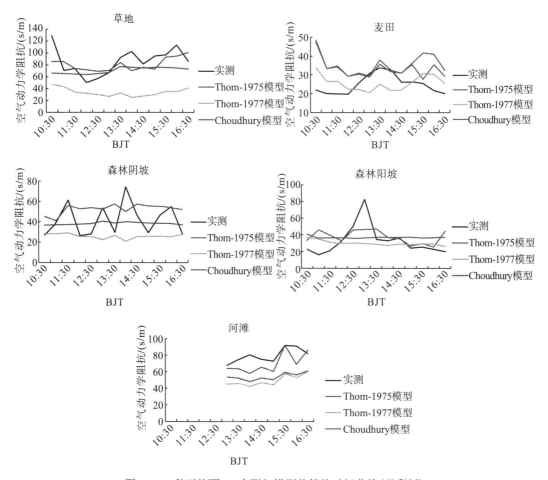

图 5-4　5 种下垫面 γ_{ah} 实测与模型估算值时间曲线(见彩版)

接下来，定量分析卫星过境时 γ_{ah} 实测和模型估算值的误差。将卫星过境时间前后两个半点观测时次的 γ_{ah} 算术平均作为卫星过境时的值，将 5 个试验点的算术平均作为试验区观测值，评估试验点和试验区 γ_{ah} 估算模型的精度。表 5-7 给出的是 2013 年 6 月 10 日 13:11 Terra 和 14:47 Aqua 卫星过境时的 γ_{ah} 实测和模型估算值。首先，进行 5 种下垫面 γ_{ah} 估算模型的误差分析。①草地，不论是 Terra 还是 Aqua 卫星过境时，都是 Thom_1975 模型估算总体效果最好，γ_{ah} 估算值比实测值分别偏小 2.66s/m 和 13.86s/m，相对误差分别为 3.31% 和 15.64%，平均绝对误差为 8.26s/m，平均相对误差为 9.48%；Choudhury 模型估算误差也较小，平均相对误差为 12.06%；而 Thom_1977 模型估算误差最大，平均相对误差高达 65.70%。②麦田，Terra 卫星过境时 Choudhury 模型估算误差最小，γ_{ah} 估算值比实测值仅偏大 0.07s/m（0.22%）；Aqua 卫星过境时，Thom_1977 模型估算误差最小，γ_{ah} 估算值比实测值偏小 2.18s/m（8.27%）；就两个时次平均误差而言，Choudhury 模型估算误差最小，Thom_1975 模型次之，Thom_1977 模型误差最大，3 种估算模型平均相对误差分别是 14.05%、15.58% 和 18.87。③森林阴坡，Terra 和 Aqua 卫星过境时都是 Choudhury 模型估算误差最小，γ_{ah} 估算值比实测值分别偏小 1.63s/m 和偏大 1.28s/m，相对误差仅为 3.94% 和 3.38%，平均绝对误差为 1.46s/m，平均相对误差为 3.66%，而 Thom_1975 和 Thom_1977 两个模型估算相对误差都达 30% 以上。④森林阳坡，Terra 和 Aqua 卫星过境时都是 Thom_1975 模型估算误差最小，γ_{ah} 估算值比实测值分别偏小 12.21s/m 和偏大 0.43s/m，相对误差分别为 20.70% 和 1.42%，平均绝对误差为 6.32s/m，平均相对误差为 11.06%，Thom_1977 和 Choudhury 模型平均相对误差分别是 28.65% 和 29.26%。⑤河滩，Terra 和 Aqua 卫星过境时都是 Thom_1975 模型估算误差最小，γ_{ah} 估算值比实测值分别偏小 7.12s/m 和 10.70s/m，相对误差分别为 10.01% 和 14.47%，平均绝对误差为 8.91s/m，平均相对误差为 12.24%，Thom_1977 和 Choudhury 模型平均相对误差分别是 37.08% 和 28.26%。综上分析表明，在藏东南地区麦田、森林阴坡宜采用 Choudhury 模型，草地、森林阳坡、河滩采用 Thom_1975 模型更好。

将试验区视为一个空气动力学阻抗贡献相同的 5 种下垫面组成的混合像元，由表 5-7 可知，试验区 Thom_1975 模型估算误差最小，Terra 和 Aqua 卫星过境时 γ_{ah} 估算值比实测值分别偏小 1.27s/m 和偏大 0.36s/m，相对误差仅为 2.24% 和 0.70%，平均绝对误差为 0.82s/m，平均相对误差为 1.47%；Choudhury 模型估算误差次之，Terra 和 Aqua 卫星过境时 γ_{ah} 估算值比实测值分别偏小 10.01s/m 和 4.14s/m，平均绝对误差为 7.08s/m，平均相对误差为 12.84%；Thom_1977 模型误差最大，Terra 和 Aqua 卫星过境时 γ_{ah} 估算值比实测值分别偏小 26.46s/m 和 21.02s/m，平均绝对误差为 23.74s/m，平均相对误差为 43.72%。这说明，若卫星混合像元的空气动力学阻抗可视为其组分的线性加权平均，则采用 Thom_1975 模型可获得满意的估算精度。

表 5-7　6 月 10 日 γ_{ah} 模型估算误差

参数	模型	草地	麦田	森林阴坡	森林阳坡	河滩	试验区
	Thom_1975	−2.66	1.48	14.16	−12.21	−7.12	−1.27
Terra 过境时偏差/(s/m)	Thom_1977	−50.74	−9.53	−16.63	−29.86	−25.56	−26.46
	Choudhury	−7.73	0.07	−1.63	−22.46	−18.33	−10.01

参数	模型	草地	麦田	森林阴坡	森林阳坡	河滩	试验区
Aqua 过境时偏差/(s/m)	Thom_1975	−13.86	7.00	18.94	0.43	−10.70	0.36
	Thom_1977	−60.36	−2.18	−12.25	−2.05	−28.28	−21.02
	Choudhury	−12.83	7.34	1.28	6.27	−22.76	−4.14
Terra 过境时相对误差/%	Thom_1975	3.31	4.56	34.33	20.70	10.01	2.24
	Thom_1977	63.29	29.46	40.33	50.61	35.92	46.61
	Choudhury	9.64	0.22	3.94	38.08	25.75	17.64
Aqua 过境时相对误差/%	Thom_1975	15.64	26.59	50.03	1.42	14.47	0.70
	Thom_1977	68.11	8.27	32.36	6.68	38.23	40.83
	Choudhury	14.47	27.88	3.38	20.44	30.76	8.04
平均绝对误差/(s/m)	Thom_1975	8.26	4.24	16.55	6.32	8.91	0.82
	Thom_1977	55.55	5.86	14.44	15.96	26.92	23.74
	Choudhury	10.28	3.71	1.46	14.37	20.55	7.08
平均相对误差/%	Thom_1975	9.48	15.58	42.18	11.06	12.24	1.47
	Thom_1977	65.70	18.87	36.35	28.65	37.08	43.72
	Choudhury	12.06	14.05	3.66	29.26	28.26	12.84

随着气象观测和数据分析技术的发展，我们可以获取较高精度的气象观测数据，在其误差忽略不计的情况下，由于感热通量的估算精度取决于 γ_{ah} 的估算精度。若 γ_{ah} 估算值偏小，则感热通量估算值就偏大；γ_{ah} 估算值偏大，感热通量估算值就偏小。同时，γ_{ah} 还受作物高度的影响。在实际估算区域感热通量时，很难准确获取卫星像元的作物高度，特别是非均质下垫面，所以以6月10日13:00的麦田观测数据为例,分析作物高度对 Thom_1975 模型估算 γ_{ah} 及感热通量估算结果的影响。将作物高度从 0.2m 按步长 0.05m 逐步增加到 0.8m，计算出对应的 γ_{ah} 估算值，由图 5-5 可见，空气动力学阻抗随作物高度 h 的增加而减小，也就是说，若 h 估算值偏大，γ_{ah} 估算值偏小，进而感热通量的估算值偏大；h 估算值偏小，γ_{ah} 估算值偏大，进而感热通量的估算值偏小。

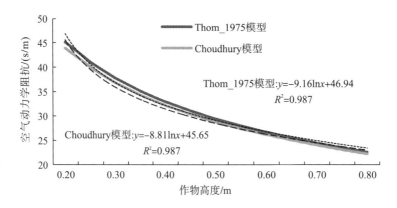

图 5-5　空气动力学阻抗随作物高度变化曲线

　　表 5-8 给出了作物高度 h 分别为 0.30m 和 0.70m 时，作物高度估算误差分别为 5%、10% 和 20% 的 γ_{ah} 和感热通量估算误差。可以看出，对于 0.30m 高的作物，当 h 估算值分别偏小 5%、10% 和 20% 时，γ_{ah} 分别偏大 2.38%、4.89% 和 10.50%，感热通量 H 分别低估 2.32%、4.66% 和 9.50%；当 h 估算偏大 5%、10% 和 20% 时，γ_{ah} 分别偏小 2.22%、4.31% 和 8.20%，H 分别高估 2.27%、4.50% 和 8.93%。对于 0.70m 高的作物，当 h 估算值偏小 5%、10% 和 20% 时，γ_{ah} 分别偏大 2.98%、6.17% 和 13.23%，H 分别低估 2.89%、5.81% 和 11.68%；当 h 估算偏大 5%、10% 和 20% 时，γ_{ah} 分别偏小 2.78%、5.43% 和 10.25%，H 分别高估 2.86%、5.74% 和 11.42%。以上分析表明，相同的作物高度估算误差，作物高度估算偏小造成的低估感热通量误差略大于偏大时高估造成的误差，0.3m 高度作物的误差小于 0.7m 高度作物的误差。

表 5-8　作物高度估算误差对空气动力学阻抗和感热通量的影响

项目		作物高度估算偏差					
		−20%	−10%	−5%	5%	10%	20%
0.30m 高作物	γ_{ah} 偏差 (s/m)	3.97	1.85	0.90	−0.84	−1.63	−3.10
	γ_{ah} 相对偏差/%	10.50	4.89	2.38	−2.22	−4.31	−8.20
	H 相对偏差/%	−9.50	−4.66	−2.32	2.27	4.50	8.93
0.70m 高作物	γ_{ah} 偏差 (s/m)	3.24	1.51	0.73	−0.68	−1.33	−2.51
	γ_{ah} 相对偏差/%	13.23	6.17	2.98	−2.78	−5.43	−10.25
	H 相对偏差/%	−11.68	−5.81	−2.89	2.86	5.74	11.42

5.3　高山草甸地表温度分裂窗算法反演精度评估

　　地表温度是陆面过程和资源环境研究的关键参数，其重要性使得地表温度遥感反演成为遥感研究的一个重要领域，目前已经开发了很多实用的方法，如热辐射传输方程法、单窗算法、分裂窗算法和多通道算法。分裂窗算法是目前应用最广泛的地表温度反演方法，特别是针对 NOAA/AVHRR 数据，至今已经开发了很多种方法。分裂窗算法是以两个相邻热红外波段的不同大气吸收特征为基础来反演地表温度。虽然分裂窗算法的形式基本一致，但由于其参数的计算不同而形成了不同的分裂窗算法。那么，对不同算法的精度进行评价就非常重要，有助于算法的实际应用。地表温度反演算法的精度评价，通常采用两种方法：大气模拟数据法和地面测量数据法。实际应用中大多采用大气模拟数据法，地面测量数据法虽更具说服力，但碍于星地观测的同步性以及空间匹配等问题，很难获取用于检验卫星像元尺度的地面观测真值，使得这一方法在实际应用中受到限制。青藏高原地域广阔，卫星反演地表温度是全面反映区域温度分布的很好途径。然而，由于青藏高原独特的气候特征和复杂的地形、地貌，AVHRR 分裂窗算法在青藏高原地区的精度检验非常必要。本研究选用青藏高原东侧理塘县境内均匀高山草甸间隔 10min 的高时间分辨率地表温度观测数据，对常用的 6 种 AVHRR 分裂窗算法的反演结果进行对比分析，评价分裂窗算法精度，选出更适合青藏高原的算法。

5.3.1 AVHRR 分裂窗算法

AVHRR 分裂窗算法可表示为：$\text{LST} = a_0 + a_1 T_4^2 + a_2 T_4 + a_3 T_4 T_5 + a_4 T_5 + a_5 T_5^2$。其中，LST 为地表温度，K；$T_4$ 和 T_5 是 AVHRR 的第 4 和第 5 通道亮温，K；$a_0 \sim a_5$ 为系数。本研究对 Price(1984)、Becker 和 Li(1990)、Vidal(1991)、Kerr 等(1992)、Ulivieri 等(1994)、Coll 和 Caselles(1997)提出的 6 种常用算法进行精度评估，6 种算法名称分别简写为 Pr'84、BL'90、Vi'91、Ke'92、Ul'92 和 CC'97。表 5-9 给出了各算法的系数值或计算公式。

表 5-9　分裂窗算法系数

算法名称	a_0	a_1	a_2	a_3	a_4	a_5
Pr'84	0	0	$\dfrac{4.33(5.5 - \varepsilon_4)}{4.5}$	0	$\dfrac{-3.33(5.5 - \varepsilon_4)}{4.5} - 0.75\Delta\varepsilon$	0
BL'90	1.274	0	$3.63 + \dfrac{2.06808(1-\varepsilon)}{\varepsilon} + \dfrac{18.924\Delta\varepsilon}{\varepsilon^2}$	0	$-2.63 - \dfrac{1.91192(1-\varepsilon)}{\varepsilon} - \dfrac{19.406\Delta\varepsilon}{\varepsilon^2}$	0
Vi'91	$\dfrac{50(1-\varepsilon)}{\varepsilon} - \dfrac{30\Delta\varepsilon}{\varepsilon}$	0	3.78	0	-2.78	0
Ke'92	$3.1 - 5.5P_v$	0	$0.5P_v + 3.0$	0	$-0.5P_v - 2.1$	0
Ul'92	$48(1-\varepsilon) - 75\Delta\varepsilon$	0	2.8	0	-1.8	0
CC'97	$0.56 + \alpha(1-\varepsilon) - \beta\Delta\varepsilon$	0.39	2.34	-0.78	-1.34	0.39

表 5-9 中，$\varepsilon = (\varepsilon_4 + \varepsilon_5)/2$，$\Delta\varepsilon = \varepsilon_4 - \varepsilon_5$，$\varepsilon_4$、$\varepsilon_5$ 分别是第 4、第 5 通道发射率。ε_4 和 ε_5 的计算公式为

$$\varepsilon_4 = 0.974 + 0.015P_v$$
$$\varepsilon_5 = 0.968 + 0.021P_v$$

式中，P_v 为植被覆盖百分比，表示为

$$P_v = \frac{\text{NDVI} - \text{NDVI}_s}{\text{NDVI}_v - \text{NDVI}_s}$$

式中，NDVI_s、NDVI_v 分别是裸土和全植被像元的归一化植被指数。

NDVI 计算公式为

$$\text{NDVI} = \frac{\text{ch2} - \text{ch1}}{\text{ch2} + \text{ch1}}$$

式中，ch1 和 ch2 分别是 AVHRR 通道 1、通道 2 的反射率。

α 和 β 是取决于整层空气柱含水量的常数，计算公式为

$$\alpha = w^3 - 8w^2 + 17w + 40$$
$$\beta = 150\left(1 - \frac{w}{4.5}\right)$$

式中，w 为整层空气柱的含水量，mm。

5.3.2　地面观测与数据处理

理塘大气综合观测站地处青藏高原东侧理塘县境内，北纬 29°59′48.30″，东经 100°15′57.50″，海拔为 3932m，属寒温带气候区，年平均气温为 0～6℃，年降水量为 600～800mm，年日照时数为 2400～2600h。观测站四周开阔，下垫面为高山草甸(图 5-6)。采用美国 Apogee 公司出品的 IRR-P 地表温度传感器测量地表辐射温度，波长范围为 8～14μm，视场角为 22°；采用 Kipp&Zonen 公司研制的科研级净辐射传感器 CNR1 测量大气逆辐射，地面辐射强度计的波长范围为 5～50μm，方向偏差小于 25W/m²。地表温度和辐射传感器安装在距地面 1.4m 高度的同一支架上，每间隔 10min 输出一次数据。地表温度的计算公式为

$$T_s = \left[\frac{\sigma T_r^4 - (1-\varepsilon_s)L_\downarrow}{\varepsilon_s \sigma} \right]^{1/4}$$

式中，T_s 为地表温度，K；T_r 为地表辐射温度，K；ε_s 为宽波段地表发射率；$L_\downarrow$ 为大气逆辐射，W/m²；σ 为斯特藩-玻尔兹曼常数，取 $5.669\times10^{-8}\,\mathrm{W}/(\mathrm{m}^2\cdot\mathrm{K}^4)$。

ε_s 由 MODIS 地表温度产品提供的通道发射率获得，其估算公式为

$$\varepsilon_s = 0.261 + 0.314\varepsilon_{31} + 0.411\varepsilon_{32}$$

式中，ε_{31} 和 ε_{32} 分别是 MODIS 第 31 通道和第 32 通道的发射率。

采用 ENVI 商业软件对卫星数据进行定标、地理定位，获得像元的经纬度信息，以及 1 通道、2 通道反射率和 3～5 通道亮度温度；利用动态阈值方法进行云监测，生成云的掩膜；挑选出理塘大气综合观测站(图 5-6)对应的晴天像元数据；查询与卫星过境时间相差 10min 内的地表温度观测值，组成匹配数据。

图 5-6　理塘站位置及下垫面

5.3.3　结果分析

地表温度观测时间为 2007 年 6 月至 2008 年 12 月，但由于地面观测数据缺失较多，外加高原夏季无云率不足 10%，所以满足匹配条件的分析数据不多，且多为冬季数据。本书选用 2007 年 12 月 15 日、16 日、25 日、26 日和 2008 年 9 月 21 日共 6 幅 AVHRR 图像进行分析，它们的观测场地对应像元晴空，并且有基准同步的地表温度观测数据，星、地观测时间误差在 10min 内。缺乏 Coll 和 Caselles（1997）算法需要的整层空气柱含水量观测数据，本书假定 2008 年 9 月 21 日的 $w = 20mm$，其余的 $w = 5mm$，取值参考了同属青藏高原东侧的红原和甘孜探空数据计算的整层空气柱含水量，以及蔡英等（2004）和梁宏等（2006）对青藏高原地区大气总水量的研究结果，青藏高原东南部地区大气总水汽量的年变化在 3～30mm。表 5-10 给出了卫星过境时间（世界时）内 6 种分裂窗算法反演的地表温度（LST）和地面实测温度（T_s）。12 月，Vi′91 分裂窗算法反演的地表温度最低，Ke′92 分裂窗算法反演的地表温度最高；9 月，BL′90 算法反演温度最高，Ul′92 反演温度最低。

表 5-10　反演地表温度与地面观测值　　　　　　　（单位：K）

时间	反演地表温度						观测值
	Pr′84	BL′90	Vi′91	Ke′92	Ul′92	CC′97	
2007-12-15/3:19	285.93	287.45	285.51	288.14	286.95	287.40	288.87
2007-12-15/6:46	288.66	290.04	288.10	290.47	289.26	289.54	290.56
2007-12-16/6:36	287.07	288.47	286.54	288.87	287.73	288.04	289.87
2007-12-25/6:43	297.83	299.09	297.13	299.47	298.11	298.29	298.30
2007-12-26/6:33	293.13	294.45	292.45	295.09	293.56	293.76	294.19
2008-09-21/3:11	297.81	298.59	296.94	296.98	296.89	297.33	298.36

由图 5-7 给出的地表温度反演值同实测值的偏差 dT 可知，反演的地表温度总体偏低。Pr′84、Vi′91、Ul′92 和 CC′97 分裂窗算法反演的地表温度都偏低，Vi′91 算法偏低幅度最大，最大超过 3K；BL′90 和 Ke′92 分裂窗算法反演的地表温度偏高、偏低都有，幅度较小，在 2K 以内。

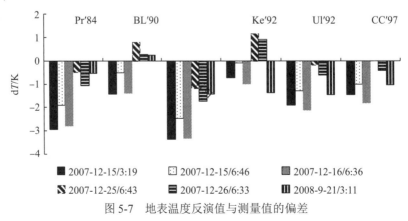

图 5-7　地表温度反演值与测量值的偏差

从表 5-11 列出的统计数据可知，6 种分裂窗算法反演的地表温度与实测值都有很好的线性正相关关系，相关系数最小的 Ke'92 算法都达 0.977，余下的 5 种方法均在 0.99 以上。反演温度与实测温度偏差最大的是 Vi'91 算法，为 3.36K，Pr'84 算法次之，为 2.94K；偏差幅度最小的是 Ke'92 算法，为 1.38K。偏差波动区间最小的是 CC'97 算法，为 -0.01 ~ -1.83K；最大的是 Ke'92 算法，为 -1.38 ~ 1.17K。Ke'92 算法平均偏低 0.19K，偏差最小；Vi'91 算法平均偏低 2.25K，偏差最大。BL'90 算法平均绝对误差为 0.77K，误差最小；Vi'91 算法平均绝对误差最大，为 2.25K。误差分析表明，BL'90 算法、Ke'92 算法和 CC'97 算法反演的地表温度与实测值平均绝对误差都在 1K 以内。

表 5-11　反演地表温度的统计数据

参数	算法					
	Pr'84	BL'90	Vi'91	Ke'92	Ul'92	CC'97
相关系数	0.998	0.997	0.998	0.977	0.994	0.995
偏差波谷/K	-2.94	-1.42	-3.36	-1.38	-2.14	-1.83
偏差波峰/K	-0.47	0.79	-1.17	1.17	-0.19	-0.01
平均偏差/K	-1.62	-0.34	-2.25	-0.19	-1.28	-0.97
平均绝对误差/K	1.62	0.77	2.25	0.88	1.28	0.97

CC'97 分裂窗算法需要知道整层空气柱含水量，然而实际应用中缺乏区域的 w 数据，特别是研究的青藏高原地区，台站稀少，根据有限观测和已有的水汽特征知识及插值技术，给出卫星过境时的区域 w 分布，存在误差。为此，仍以研究的 6 个 AVHRR 图像不变，假设 w 从 0mm 开始，以 5mm 差额逐渐增大到 30mm，利用 CC'97 分裂窗算法，反演不同 w 对应的地表温度，分析整层空气柱含水量对反演地表温度的影响。从表 5-12 可见，冬季随着整层空气柱含水量增大，反演的地表温度升高，但升高幅度逐渐减小；秋季反演的地表温度变化幅度明显较冬季小，特别是 w 增大到 15mm 后，温度变化幅度只有 0.01K，并且 w 增大到 30mm 后，反演的地表温度没有继续升高，而是略降 0.01K。假设冬季取 $w = 5$mm，而实际整层空气柱含水量是极端情况下的 0mm，地表温度差异最大为 0.26K；秋季取 $w = 20$mm，地表温度差异最大为 0.01K。可见，整层空气柱含水量误差若控制在 5mm 以内，则 CC'97 分裂窗算法反演的误差在 0.26K 以内。

表 5-12　不同整层空气柱含水量对应的 CC'97 算法反演地表温度　　　　（单位：K）

时间	0mm	5mm	10mm	15mm	20mm	25mm	30mm
2007-12-15/3:19	287.15	287.39	287.55	287.65	287.70	287.73	287.76
2007-12-15/6:46	289.31	289.54	289.69	289.78	289.83	289.85	289.87
2007-12-16/6:36	287.81	288.03	288.18	288.27	288.32	288.35	288.37
2007-12-25/6:43	298.06	298.29	298.44	298.54	298.59	298.62	298.64
2007-12-26/6:33	293.50	293.76	293.94	294.06	294.12	294.16	294.19
2008-09-21/3:11	296.96	297.10	297.19	297.24	297.25	297.26	297.25

5.4　高山草甸卫星遥感地表温度产品评估与订正

地表温度是陆面过程非常重要的参数,在全球气候变化和生态环境等研究中具有重要意义。中分辨率成像光谱仪(MODIS)具有全球覆盖和较高空间分辨率的优点,其地表温度产品空间分辨率为 1km,能满足人们对空间分辨率的需求。然而,由于陆地表面存在异质性和发射率不同,其表面温度的反演比洋面温度的反演存在更多不确定性,所以 MODIS/LST 产品检验受到科技工作者的极大关注。利用地面观测数据检验MODIS/LST 产品,Wan 等(2004)、Coll 等(2005)、Wang 和 Liang(2009)的研究都指出美国 LST 产品精度在 1℃内;周纪等(2009)指出黑河流域上游地区 LST 产品均方根误差为 1.1K;于文凭和马明国(2011)指出黑河流域的 MODIS 地表温度产品的平均绝对偏差小于 2.2℃,并认为使用长时间的夜间长波辐射数据验证更合理。高懋芳和覃志豪(2006)将太湖水面、无锡城区及城郊农田 3 个典型地表的 ASTER 数据反演结果与同时相的 MODIS 地表温度产品进行线性拟合,拟合的 R^2 值可达 0.9666;柯灵红等(2011)基于高程-温度回归关系,对青藏高原东北部 MODIS/LST 影像异常低值像元进行重建,得到空间完整的 LST 时间序列;王丽娟等(2012)验证了卫星反演地表温度的局地分裂窗算法在甘肃古浪县沙漠和农田下垫面的适用性,认为贝克(Becker)算法更适合试验区。已有研究表明,MODIS 地表温度产品误差受地表状态、地域和时段等影响。青藏高原地域广阔,卫星反演地表温度是全面反映区域温度分布的很好途径。然而,由于青藏高原独特的气候特征和复杂的地形、地貌,MODIS 地表温度产品精度有可能不同于其他地区,有必要对该地区 MODIS 地表温度产品进行检验。此外,用于检验的实测地表温度"真值"的准确性直接影响卫星反演地表温度的评估结果,热红外测温仪测得的辐射温度与考虑了大气下行辐射和地表发射率的地表温度之间存在差异,红外测温仪和长波辐射表因观测波长范围不同、观测精度不同,观测到的地表向上长波辐射值存在差异,对应的地表温度也就存在差异。可见,分析实测地表温度精度对准确估计 MODIS地表温度产品误差具有必要性。

本节利用青藏高原东侧理塘大气综合观测站的红外测温仪实测数据和长波辐射表观测数据,首先分析用于检验的实测地表温度的准确性,再分析 MODIS 地表温度的精度,并建立基于 LST 的高山草甸地表温度的统计模型,为卫星反演地表温度产品在高原气象与生态环境研究中的应用提供支持。

5.4.1　地面观测与数据处理

本研究利用青藏高原东侧理塘大气综合观测站的实测红外测温仪和长波辐射表观测数据,地表温度观测和地表辐射观测都是每间隔 10min 输出一次数据。辐射观测采用 Kipp & Zonen 公司研制的科研级净辐射传感器 CNR1,测量太阳总辐射、反射辐射、大气逆辐射和地球辐射四分量,方向偏差小于 25W/m^2,日射强度计和地面辐射强度计的光谱响应分别是 305~2800nm 和 5~50μm。地表温度的测量采用美国 Apogee 公司出品的 IRR-P 地表温度传感器，波长范围为 8~14μm，视场角为 22°，其测得的是没有考虑大气逆辐射、地表发射率设定为 1 的地表辐射温度。辐射和地表温度传感器安装在距地面 1.4m 高度的同一支架上。

本研究选用地面观测数据较完整的 2007~2008 年的资料进行分析。MODIS 地表温度选自 Terra 卫星的 MOD11A1 数据和 Aqua 卫星的 MYD11A1 数据，采用广义分裂窗算法，空间分辨率为 1km×1km。首先，将下载数据投影转换、拼接，然后将原始值转换为物理量；使用 MODIS 地表温度产品自带的质量控制数据，剔除观测场对应像元空值和质量差的数据，共筛选出 451 个 MODIS 样本；从图 5-6 可见，理塘县城南边缘非常整齐，有助于 MODIS 地表温度图像中县城高温像元的识别，将县城作为特征点对图像进行精校正；使用地表温度产品提供的时间来确定卫星观测时间，挑选出时间相差在 10min 内的地面观测值与对应卫星像元 LST 进行匹配。由于地面观测数据不完整，451 个 MODIS 样本只匹配成功 399 个，其中 MOD11A1 样本为 211 个，MYD11A1 样本为 188 个。

在观测场周围没有高大地物影响时，环境辐射主要为大气下行辐射，地表向上长波辐射可以表示为

$$R_\uparrow = \varepsilon_s \sigma T_s^4 + (1 - \varepsilon_s) L_\downarrow$$

式中，$R_\uparrow$ 为地表向上长波辐射，可由红外温度仪或长波辐射表测得，W/m^2；$L_\downarrow$ 为大气下行辐射，由长波辐射表测得，W/m^2；ε_s 为宽波段地表发射率；T_s 为地表温度，K；σ 为斯特藩-玻尔兹曼常数，取 5.669×10^{-8}W/(m^2·K^4)。

ε_s 由 MODIS 地表温度产品提供的通道发射率获得，其估算公式为

$$\varepsilon_s = 0.261 + 0.314\varepsilon_{31} + 0.411\varepsilon_{32}$$

式中，ε_{31} 和 ε_{32} 分别是 MODIS 的第 31 通道和第 32 通道发射率，由 MODIS 的 MOD11A1 产品和 MYD11A1 产品提供。

利用红外温度仪测得辐射温度 T_r（K），可知地表向上长波辐射 $R_\uparrow = \sigma T_r^4$，因此可得地表温度：

$$T_{s\_R} = \left[\frac{\sigma T_r^4 - (1 - \varepsilon_s) L_\downarrow}{\varepsilon_s \sigma} \right]^{1/4}$$

利用长波辐射表测得的地表向上长波辐射 $L_\uparrow$（W/m^2）代替 $R_\uparrow$，也可获得地表温度：

$$T_{s\_L} = \left[\frac{L_\uparrow - (1 - \varepsilon_s) L_\downarrow}{\varepsilon_s \sigma} \right]^{1/4}$$

5.4.2　结果与分析

要想客观评价 MODIS 地表温度产品，就要求用于比对的地面观测数据具有较高的准确率。为此，本节对基于红外测温仪获取的地表辐射温度 T_r 和辐射表两种观测仪器获取的地表温度 T_{s_R} 与 T_{s_L} 进行对比，并分析地表比辐射率对地表温度"真值"的影响。

1. 地表温度同辐射温度的差值

利用上述公式计算理塘草甸的宽波段发射率为 0.9745～0.9794，总共 451 个样本仅有 5 个样本发射率达到 0.977 以上，绝大部分发射率为 0.974～0.976。据王新生等（2012）的研究成果，青藏高原地表发射率为 0.96～0.98，本节分析地表发射率分别为 0.96 和 0.98 的极值情况下，地表温度同辐射温度的差值 dT（即 $T_{s\_R} - T_r$）。由图 5-8 可见，地表真实温度比红外测温仪测得的辐射温度偏高；温度偏差随着地表发射率减小而增大，随着长波净辐射 dR（即 $L_\uparrow - L_\downarrow$）增大而增大。白天的长波净辐射比夜间的大，导致白天的温度偏差比夜间的大。夜间长波净辐射为 6.91～118.27W/m²，$\varepsilon_s = 0.96$ 对应的温差不超过 1.08K，$\varepsilon_s = 0.98$ 对应的温差不超过 0.53K；白天长波净辐射为 58.05～297.77W/m²，$\varepsilon_s = 0.96$ 对应的温差不超过 1.86K，$\varepsilon_s = 0.98$ 对应的温差不超过 0.91K。也就是说，研究区地表辐射温度比地表温度"真值"白天最多偏低 1.86K，夜间最多偏低 1.08K。

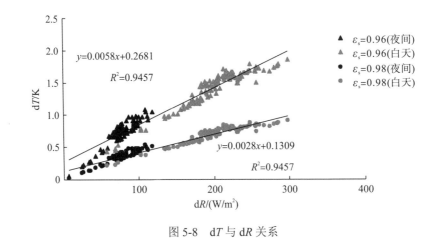

图 5-8　dT 与 dR 关系

2. 基于红外测温仪和辐射表两种观测仪器获取的地表温度差异

图 5-9 表明，理塘边界层观测站辐射表测量的地表长波辐射 $L_\uparrow$ 和利用红外测温仪测量辐射温度计算的地表辐射 $R_\uparrow$ 之间有很好的线性正相关关系，地表辐射较小时，二者非常接近，当地表辐射大于 450W/m² 后，二者偏差较大，可达 70W/m²。当 $L_\uparrow$ 和 $R_\uparrow$ 的差异较大时，将引起基于红外测温仪和辐射仪的地表温度估算值存在明显差异（图 5-10），绝大部分偏差在 5K 以内。当地面温度低于 285K 时，两种观测方式测量的误差较小，偏差集中在 ±2.5K 以内，平均为 1.08K；而高于 285K 时，T_{s_R} 比 T_{s_L} 大多偏低，两种观测方式测量的误差较大，平均为 2.74K，最大偏差可达 10K。考虑到红外测温仪观测波段较窄，视场角较小，测得的地表向上长波辐射值不如辐射表观测值更具代表性，建议采用 T_{s_L} 作为实测地表温度。

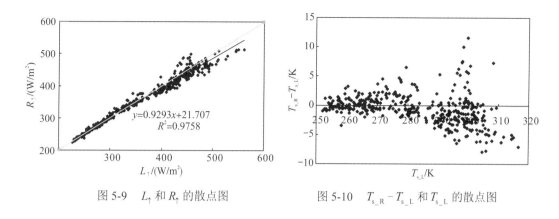

图 5-9　$L_{\uparrow}$ 和 $R_{\uparrow}$ 的散点图　　　　图 5-10　$T_{s\_R} - T_{s\_L}$ 和 T_{s_L} 的散点图

3. 地表发射率误差对地表温度的影响

图 5-11 表明，当地表发射率偏大或偏小 0.01 时，相应估算地表温度偏低或偏高，dT 基本对称，且随着长波净辐射增大，偏差线性增大，对于长波净辐射不超过 300W/m² 的情况，地表温度的偏差不会超过 0.5K，表明本研究区的发射率误差不超过 0.01 时，地表温度计算误差不超过 0.5K。也就是说，若利用 MODIS 窄波段发射率计算的宽波段发射率与地面测量值误差不超过 0.01，则用于验证的地表温度误差在 0.5K 内。

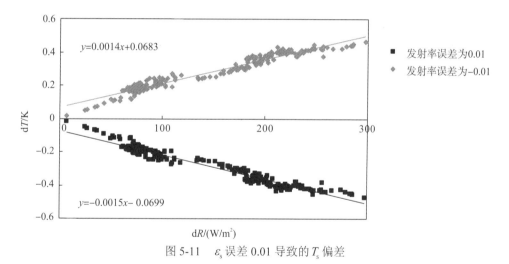

图 5-11　ε_{s} 误差 0.01 导致的 T_{s} 偏差

4. MODIS/LST 与地面观测值对比分析

表 5-13 给出的实测地表温度同 MODIS 地表温度产品的相关系数表明，Terra 卫星的 MOD11A1 产品、Aqua 卫星的 MYD11A1 产品与 3 种地面温度都具有高线性相关关系，总体相关系数都达到 0.95 以上，经过地表发射率和大气下行辐射修订后的地表温度比直接用红外测温仪测量的辐射温度与 LST 产品的相关系数大，用长波辐射值估算的地表温度与 LST 产品的相关系数最大，达 0.9645。夜间相关系数都达到 0.87 以上，MYD11A1 产品白天与 T_{s_R} 的相关系数最小，为 0.578；MOD11A1 产品的相关系数比 MYD11A1 产品的大。

表 5-13　相关系数表

参数	总体	LST_MOD11A1			LST_MYD11A1		
		全天	白天	夜间	全天	白天	夜间
T_r	0.9526	0.956	0.781	0.875	0.949	0.583	0.871
T_{s_R}	0.9541	0.957	0.783	0.876	0.950	0.578	0.870
T_{s_L}	0.9645	0.967	0.833	0.893	0.961	0.669	0.877

表 5-14 给出的误差信息表明，不论是 Terra 卫星还是 Aqua 卫星的 LST 产品偏低幅度都大于偏高幅度，白天偏低幅度大于夜间；LST 产品平均偏差白天偏低，夜间偏高，LST 产品比地表实测温度总体偏低，这与 Yan 等(2011)对黄土高原地区搭载在 Terra 卫星和 Aqua 卫星上的 CERES 传感器的地表辐射通量产品的验证结果类似，卫星的地表辐射通量白天严重低估，而夜间略微低估；LST 产品与利用长波辐射计测量值估算的地表温度之间的偏差幅度最小，LST_MOD11A1 偏差振幅白天为-16.71～1.95K，夜间为-11.73～7.03K，LST_MYD11A1 偏差振幅白天为-20.56～7.05K，夜间为-11.54～9.91K；LST_MOD11A1 与 T_r 之间的均方根误差白天最小，为 4.76K，夜间最大，为 5.11K；LST_MYD11A1 与 T_{s_L} 之间的均方根误差白天最大，为 6.03K，夜间最小，为 4.56K。样本总体分析表明，LST 产品与 T_r 之间的误差最小，平均偏差为-0.22K，平均绝对误差为 3.95K，均方根误差为 5.05K；LST 产品与 T_{s_L} 误差最大，平均偏差为-1.59K，平均绝对误差为 4.16K，均方根误差为 5.25K。

表 5-14　误差对比　　　　　　　　　　　　　　(单位：K)

参数		总体	LST_MOD11A1			LST_MYD11A1		
			全天	白天	夜间	全天	白天	夜间
T_r	偏低幅度	-16.10	-15.92	-15.92	-15.10	-16.10	-16.10	-13.14
	偏高幅度	12.30	8.34	6.10	8.34	12.30	12.30	9.42
	平均偏差	-0.22	-0.39	-2.13	1.80	-0.03	-1.02	0.68
	平均绝对误差	3.95	3.86	3.64	4.16	4.07	4.20	3.98
	均方根误差	5.05	4.91	4.76	5.11	5.21	5.57	4.95
T_{s_R}	偏低幅度	-17.17	-17.17	-17.17	-15.31	-17.12	-17.12	-13.44
	偏高幅度	11.50	7.76	5.29	7.76	11.50	11.50	8.91
	平均偏差	-0.30	-1.22	-3.18	1.26	0.73	-2.05	0.22
	平均绝对误差	4.06	4.06	4.14	3.97	4.07	4.46	3.79
	均方根误差	5.16	5.07	5.19	4.92	5.26	5.81	4.84
T_{s_L}	偏低幅度	-20.56	-16.71	-16.71	-11.73	-20.56	-20.56	-11.54
	偏高幅度	9.91	7.03	1.95	7.03	9.91	7.05	9.91
	平均偏差	-1.59	-2.09	-4.79	1.32	-1.03	-3.47	0.73
	平均绝对误差	4.16	4.34	4.89	3.65	3.97	4.62	3.73
	均方根误差	5.25	5.29	5.81	4.57	5.22	6.03	4.56

5. MODIS/LST 的订正

假设实测地表温度 T_{s_L} 为地表温度 "真值"，对 LST 产品进行订正。图 5-12 给出了 LST 产品与 T_{s_L} 的关系，当地面温度大于 273K 时，LST 产品普遍偏低；反之，当地面温度小于 273K 时，LST 产品普遍偏高。基于 LST 产品的地表温度估算公式为

$$T_{s\_L} = 1.1697\text{LST} - 46.2503$$

估算标准误差为 4.4904K，$R^2 = 0.9299$，通过 99%的显著性检验。分析的理塘县草甸对青藏高原东侧的下垫面有较好的代表性，观测时间较长，跨越春夏秋冬四季，草甸经历不同的生长期，可较好地反映不同覆盖率、不同湿度的草甸。但是，仍存在下垫面类型单一的问题，订正公式在青藏高原东侧的普适性还有待更多观测数据，特别是不同下垫面观测数据的验证。

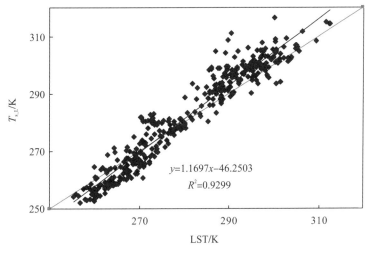

图 5-12　LST 产品测量值与 T_{s_L} 散点图

5.5　基于遥感温度的高山草甸地气温度反演模型

地表温度和空气温度是陆面过程非常重要的两个参数，因地表特征的不同，气象台站观测数据的区域代表性存在很大的差别。青藏高原地域广阔、地形地貌复杂，地面观测台站又稀少，仅依据十分有限的台站观测数据，借助现有的内插技术和方法，不可能获得整个区域满意的温度分布特征，进而影响了对青藏高原地气交换过程的认识和气候变化研究等。随着卫星遥感技术应用的深入，人们寄希望于利用较高分辨率的卫星遥感数据，获取更准确的地表温度和空气温度空间分布。比如，Prihodko 和 Goward（1997）、Riddering 和 Queen（2006）在假设气温与浓密植被地表温度近似的基础上，利用 NOAA/AVHRR 卫星遥感植被指数和地表温度的负线性关系，将外推求得的植被完全覆盖下的地表温度作为气温的估计值，获得了较好的结果。Vogt 等（1997）利用 NOAA/AVHRR 白天反演的地表温度获得最高气温分布，其估算平均误差为 2.0～2.5K。Cresswell 等（1999）指出考虑太阳高

度角会减小利用气象卫星地表温度估算空气温度的误差,空气温度估算值与实际观测值之间的线性相关性更好。延昊等(2001)研究表明,晴空条件下的中国地表温度与气温和地温的宏观变化规律是基本一致的。廖顺宝等(2004)将 NOAA/AVHRR 卫星反演地表温度与地面实测的月最高气温进行对比分析,发现二者相关系数为 0.86,标准差为 5.6℃,反演值比实测值平均偏低 2.8℃。齐述华等(2005)依然在假定气温与浓密植被地表温度近似的基础上,对 Prihodko 和 Goward 模型进行了试验,提出了可操作性更强的利用 NDVI-LST 空间获取气温的方法,获取的气温精度约为+4℃,并认为 Prihodok 和 Goward 模型应用于区域尺度上计算白天气温存在一定局限性,特别是应用于我国地形复杂的青藏高原地区和植被稀少的西北荒漠地区。Mostovoy 等(2006)验证了 MODIS 反演地表温度可以用于线性回归估算地表最高、最低空气温度,当反演地表温度与空气温度相关性比较好时,可以获得比通过站点插值更准确的区域分布,并指出了反演地表温度与空气温度的相关系数和差异,以及随像元分辨率、过境时间、地表覆盖类型和植被覆盖率的变化。Vancutsem 等(2010)指出非洲不同生态系统最低空气温度与 MODIS 夜间反演地表温度之间存在显著的相关关系,白天 MODIS 反演温度与最高气温的关系因季节、生态系统、太阳辐射和云量的不同而剧烈变化。闵文彬和李跃清(2010)指出四川盆地白天 MODIS 反演地表温度与气温和 0cm 地温的相关性不稳定,不同卫星过境时间的相关系数差异很大。过去的研究结果表明,利用夜间卫星反演地表温度可获得一定精度范围内的最低气温分布,但白天卫星反演地表温度与最高气温、同步气温之间的相关性都缺乏稳定性,受地表地形特征、土壤水分和大气状况等的影响。

卫星反演地表温度存在不确定性,反演误差受地表状态、地域和时段等的影响,所以卫星反演地表温度同地、气温度的关系,还不能真正反映它们的关系,我们需要进一步搞清楚:是地表温度本身与地温、气温的相关性不稳定,还是由于卫星反演地表温度的误差导致。鉴于红外测温仪测得的地表温度被看作卫星反演地表温度最准确的参考值,本研究利用 2008 年川西高原理塘大气综合观测站的温度观测数据,统计分析高山草甸遥感地表温度 T_s、0cm 地温 T_c 和气温 T_a 的变化特征,以及地表温度与地温和气温的相关关系,寻求卫星遥感估算高山草甸地温和气温的模型,为卫星反演地表温度产品在高原气象与高原环境研究中的应用提供技术支持。

5.5.1　观测仪器与数据处理

本研究利用 2008 年川西高原理塘大气综合观测站的温度观测数据。温湿度传感器采用的是芬兰 VAISALA 公司生产的 HMP45C 空气温湿度探头,有 8 层梯度观测(1.25m、2.85m、4.70m、8.95m、16.70m、31.40m、46.95m、58.45m);草甸地表温度的测量采用美国 Apogee 公司出品的 IRR-P 地表温度传感器,波长范围为 8～14μm,视场角为 22°,安装高度距地面 1.4m;土壤温度观测仪器采用美国 Campbell 公司生产的 107 温度探头,测量距地面 0cm、5cm、10cm、15cm、20cm、40cm、80cm、110cm 高度的地温,数据采集时间间隔均为 10min。本研究统计分析的数据为 2008 年的草甸地表温度、0cm 地温和 1.25m 高度的空气温度,该年观测数据相对较完整,特别是 8～12 月,只有仪器维护等导致的短暂数据缺失，但特别遗憾的是 4 月 17 日至 5 月 20 日、5 月 26 日～7 月 14 日因仪器损坏，导致整个 6 月的数据缺失。

温度具有明显的日变化特点，而缺失数据的观测时次是随机的，并非都在相同时刻丢失数据，这势必影响日均值的可比性。所以，为了使分析结果具有较好的统计意义，按每 10min 采集的数据作为统计单元，月平均的计算是先计算每个观测时次的月平均，再计算每天 144 观测时次的平均，而非先计算日平均。

对于 m 月 t 观测时刻的平均温度计算式为

$$\overline{mT}(m,t) = \sum_{d=1}^{N_d} \frac{T(m,d,t)}{N_d}$$

式中，$T(m,d,t)$ 为温度(气温/地温/地表温度)采样数据，m 为月份，d 为日期，t 为观测时刻；N_d 为 m 月中 t 观测时刻有温度记录的总天数。

m 月的平均最高温度计算式为

$$\overline{mT}\_\max(m) = \max\{\overline{mT}(m,t), t=1, N_t\}$$

m 月的平均最低温度计算式为

$$\overline{mT}\_\min(m) = \min\{\overline{mT}(m,t), t=1, N_t\}$$

m 月的平均温度计算式为

$$\overline{Tm} = \sum_{t=1}^{N_t} \frac{\overline{mT}(m,t)}{N_t}$$

式中，N_t 代表一天的观测的总次数，本研究数据为 10min 采集一次，$N_t=144$。

t 观测时刻的年平均温度 $\overline{yT}(t)$ 计算式为

$$\overline{yT}(t) = \sum_{m=1}^{N_m} \frac{\overline{T}(m,t)}{N_m}$$

式中，N_m 代表一年总月数。

5.5.2　研究结果

1. 高山草甸温度变化特征

1) 年变化

由理塘大气综合观测站 2008 年数据分析得知，理塘高山草甸在缺 6 月观测数据的情况下，年平均地表温度为 4.87℃，年平均地温为 7.05℃，年平均空气温度为 2.88℃。由图 5-13 可以看出，7 月平均气温最高，为 11.92℃，1 月最低，为-5.61℃，12 月平均气温第二低，为-5.42℃，从 11 月至次年 3 月共 5 个月平均气温都在 0℃以下。地温最高月平均(16.36℃)也出现在 7 月，但最低月平均(-2.21℃)出现在 12 月，并且只有 12 月和 1 月平均地温在 0℃以下。而草甸地表温度月平均最高值并不出现在 7 月，草甸生长季的 5～8 月为整年的高温时段，月平均地表温度相当，12 月平均地表温度最低，为-5.97℃，1～2 月、11～12 月共 4 个月平均地表温度在 0℃以下。还可以看出，10～12 月平均地表温度与气温接近，相差不足 0.6℃；8 月平均地表温度与地温相当，相差不足 0.1℃。除 5 月和

8 月外，其他月份平均地温明显大于地表温度。为了探寻 5 月和 8 月异常的原因，我们分析了理塘县气象站的降水资料，得知 2008 年理塘降水较多年平均偏多 239.74mm，主要由 5 月和 8 月贡献，分别偏多 86.83mm 和 132.71mm，说明了降水与温度的密切关系，在草甸生长旺盛期，土壤水分充足时，草甸地表温度变化相对稳定，湿润的土壤会减缓地表温度的变化。

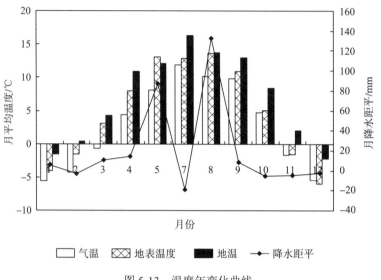

图 5-13　温度年变化曲线

2）平均日变化

利用每个观测时次温度的全年平均值，我们分析了高山草甸 3 种温度的年平均日变化规律。由图 5-14 可以看出，地表温度与地温的变化基本同步，在 13:30 达全天最高温度，年平均地表温度最高为 23.11℃，地温为 23.97℃；而气温白天变化明显滞后于地表温度和地温，在 15:50 达最高温度 10.67℃。在 19:00 以后，3 种温度都呈线性递减，在凌晨 06:40

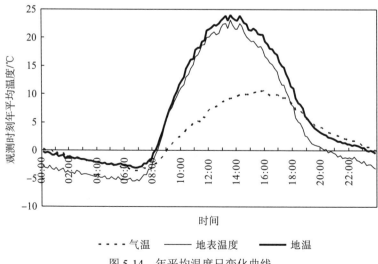

图 5-14　年平均温度日变化曲线

附近出现最低值，年平均最低地表温度为-5.42℃，气温为-3.62℃，地温为-3.10℃。平均日较差地表温度最大，地温次之，气温最小。在上午的升温过程中，草甸地表温度与地温差异逐渐增大，在午后的降温过程中，草甸地表温度明显低于地温。夜间，气温与地温非常接近，相差不足 1℃，而地表温度明显偏低 2～3℃。

对月平均日变化(图略)的分析表明，3 种温度的月平均最低温度出现时间存在差异，月平均最低气温最早出现在 7 月的 06:40，最晚出现在 12 月的 08:10，在日出时间附近。月平均最高气温出现时间也存在明显差异，最迟是 7 月的 16:20，最早是 9 月的 14:20。然而，月平均最高地表温度和最高地温出现时间却相对固定，在 13:30 前后 10min。

由图 5-15 还可以看出，地表温度 4 月、5 月平均最高达到 30℃以上，其中 5 月最高达 30.92℃。月平均最高地温和地表温度接近些，气温的月平均最高明显低于地温和地表温度；草甸生长季 5～8 月 3 种温度的月平均最低温度非常接近，其他月份的月平均最低地温偏低。气温的平均日较差比地表温度和地温的日较差都小，其中 8 月平均日较差最小，气温的平均日较差为 6.59℃，地表温度的为 13.53℃，地温的为 15.08℃；气温平均日较差 1 月最大，为 25.20℃，地表温度和地温的平均日较差 2 月最大，分别为 41.67℃和 39.68℃。月平均气温最低温度(-17.70℃)出现在 1 月，月平均地表温度和地温最低都出现在 12 月，分别是-19.74℃和-14.45℃；月平均气温最高(17.48℃)出现在 7 月，月平均地表温度最高(30.92℃)出现在 5 月，月平均地温最高(32.75℃)出现在 4 月。

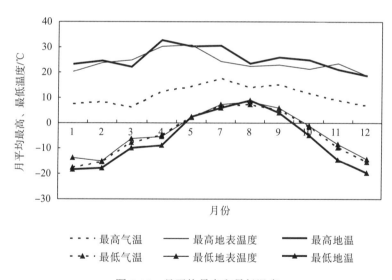

图 5-15　月平均最高和最低温度

由图 5-16 可以看出，气温、地表温度和地温极端最高、最低出现时间并不同步，气温极端最高(21.8℃)出现在 7 月，地表温度极端最高(43℃)出现在 3 月，而地温极端最高(51.4℃)出现在 4 月；气温极端最低(-28.6℃)出现在 1 月，地表温度极端最低(-28.9℃)出现在 1 月，而地温极端最低(-21.7℃)出现在 12 月。

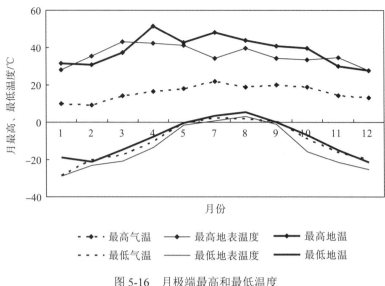

图 5-16　月极端最高和最低温度

2. 草甸地表温度与地、气温度的相互关系分析

考虑到卫星反演产品的瞬时性，本节侧重分析理塘高山草甸地表温度与地、气温度相同时刻的瞬时、月平均和年平均之间的相关性。考虑到太阳辐射对地表、大气温度的影响，以及相关系数的稳定性，分别对地表温度变化的 3 个不同时段进行相关性分析，这 3 个时段为地表温度日最低到日最高的上午升温时段、最高到日没的下午降温时段以及日没到日最低的夜间降温时段。根据理塘的纬度，可知日没时间为 16:59～18:57，再结合前面的分析结论(理塘草甸的月平均最低温度最早出现在 7 月的 06:40，最晚出现在 12 月的 08:10，地表温度最高出现时间在 13:30 左右)，将 08:30～13:30 设为上午升温时段，13:40～18:50 为下午降温时段，19:00～6:30 为夜间降温时段。

由表 5-15 可以看出，地表温度与地温相关性很好，相同时刻年平均和月平均之间的相关系数都达 0.95 以上，同步瞬时温度间相关系数除降水异常偏多的 8 月为 0.8722 外，其他月份相关系数都在 0.95 以上，上午、下午和夜间的分时段相关性也较好，相关系数最低的下午时段都在 0.9236。再看看地表温度与气温之间的相关系数，除夜间相关系数在 0.95 以上外，其他不论是月份、时段的同步瞬时，还是相同时刻年、月平均之间的相关系数都小于 0.89，尤其是下午时段的相关系数还不到 0.63，地表温度与气温之间的相关系数波动幅度大，不稳定。分析表明，高山草甸地表温度与地温之间有很好且稳定的线性相关关系，夜间卫星反演温度与空气温度也有很好的线性相关关系，而下午地表温度与气温之间相关性较差。

表 5-15　理塘高山草甸温度相关系数

时间	同步瞬时		相同观测时刻月平均	
	地表温度与地温	地表温度与气温	地表温度与地温	地表温度与气温
1 月	0.9727	0.8357	0.9893	0.8851

时间	同步瞬时		相同观测时刻月平均	
	地表温度与地温	地表温度与气温	地表温度与地温	地表温度与气温
2 月	0.9756	0.8433	0.9882	0.8862
3 月	0.9760	0.8227	0.9985	0.8799
4 月	0.9855	0.8376	0.9975	0.8720
5 月	0.9576	0.7357	0.9849	0.8045
7 月	0.9547	0.8145	0.9850	0.8591
8 月	0.8722	0.7772	0.9811	0.8856
9 月	0.9599	0.7871	0.9872	0.8541
10 月	0.9615	0.8162	0.9899	0.8710
11 月	0.9841	0.8452	0.9957	0.8796
12 月	0.9878	0.8550	0.9965	0.8737
上午	0.9667	0.8538	0.9803	0.8899
下午	0.9236	0.6242	0.9570	0.6284
夜间	0.9733	0.9539	0.9816	0.9746
全年	0.9706	0.8528	0.9974	0.8767
上午年平均			0.9987	0.9926
下午年平均			0.9987	0.8486
夜间年平均			0.9961	0.9944

此外，还分析了月平均和月极端最高、最低温度间的相关性。月平均最高地表温度同最高气温、最高地温的相关系数分别为 0.3964 和 0.7911，月平均最低地表温度同最低气温、最低地温的相关系数分别为 0.9876 和 0.9910；月极端最高地表温度同最高气温、最高地温的相关系数分别为 0.3100 和 0.62911，月极端最低地表温度同最低气温、最低地温的相关系数分别为 0.9817 和 0.9713。这表明，月平均最低和极端最低地表温度同地温、气温都有很好的相关性，月平均最高和极端最高地表温度同地温仍有很好的相关性，但月平均最高和极端最高地表温度同气温的相关性不好。

1）相同观测时刻年平均温度的回归模型

根据上面的相关系数分析结果，上午升温、下午降温和夜间降温 3 个时段的相同观测时刻年平均地表温度同地温和气温都具有很好的相关性，可获得满意的年平均地温和气温的统计模型（表 5-16），估算标准误差（standard error, SE）小于 0.7℃，决定系数 R^2 都在 0.97 以上，通过 95%的信度检验。年平均地温随地表温度线性变化，上午 SE 最大，为 0.5076℃，夜间最小，为 0.1918℃；上午和夜间年平均气温随地表温度线性变化，夜间 SE 最小，为 0.2625，下午的最佳回归模型为多项式，SE 最大，为 0.6858℃。

表 5-16 年平均地温和气温的回归方程及统计参数

因变量	时段	回归方程	R^2	SE/℃
年平均地温	上午	$\overline{yT_c}(t)=0.9837\overline{yT_s}(t)+1.395$	0.9974	0.5076
	下午	$\overline{yT_c}(t)=0.8906\overline{yT_s}(t)+4.1494$	0.9973	0.2853
	夜间	$\overline{yT_c}(t)=1.0548\overline{yT_s}(t)+2.7229$	0.9889	0.1918
年平均气温	上午	$\overline{yT_a}(t)=0.442\overline{yT_s}(t)-1.8485$	0.9854	0.5401
	下午	$\overline{yT_a}(t)=-0.0201\overline{yT_c}(t)^2+0.7079\overline{yT_s}(t)+3.9146$	0.9719	0.6858
	夜间	$\overline{yT_a}(t)=1.209\overline{yT_s}(t)+3.4541$	0.9939	0.2625

2) 相同观测时刻月平均值的回归模型

利用相同观测时刻月平均地表温度,仍可获得对应观测时刻较满意的月平均地温和夜间平均气温的通用回归模型(表 5-17),但不能获取满意的、通用的上午和下午月平均气温回归模型。

表 5-17 月平均地温和气温的回归方程及统计参数

因变量	时段	回归方程	R^2	SE/℃
月平均地温	上午	$\overline{mT_c}(m,t)=0.9258\overline{mT_s}(m,t)+1.9817$	0.9605	2.3593
	下午	$\overline{mT_c}(m,t)=0.9273\overline{mT_s}(m,t)+3.6107$	0.9159	2.2362
	夜间	$m\overline{T_c}(m,t)=0.8503\overline{mT_s}(m,t)+2.1614$	0.9636	1.4879
月平均气温	夜间	$\overline{mT_a}(m,t)=0.805\overline{mT_s}(m,t)+2.3449$	0.9500	1.6623

由表 5-17 可以看出,月平均地温估算标准误差低于 2.4℃,而且上午和下午的拟合直线基本平行,斜率近似为 0.93,只是下午的截距比上午的大。也就是说,对于相同的草甸地表温度,对应的下午地温比上午的高。还可以看出,当夜间月平均地表温度为-20~20℃时,夜间月平均地温和气温非常接近,相差基本不超过 1℃。

为了了解不同时段、不同月份间的异同,分月、分上下午建立了平均气温统计模型(略)。上午升温过程,3~5 月拟合直线斜率接近,最大相差 0.0230,其中 3 月和 4 月基本平行,但截距不同;8 月至次年 2 月拟合直线斜率接近,最大相差 0.061,其中 12 月至次年 2 月截距也相当,最大相差 0.3700;7 月斜率和截距都最大,达 0.5326 和 3.0940。而下午降温过程,月平均空气温度的最佳统计模型为多项式,每月的多项式统计模型各不相同。

相同观测时刻月平均回归模型的分析表明,没有太阳辐射的夜间,利用地表温度可获得较满意的月平均地温和气温估算结果;而有太阳辐射的白天,因太阳辐射的不同,需分别建立上、下午估算模型,气温还会因不同月份草甸的状况不同而有着不同的回归模型,特别是下午时段。也就是说，草甸月平均气温的统计模型不仅取决于地表温度，还受季节、下垫面状况和太阳辐射的影响。

3）同步瞬时值的回归模型

准确获取地、气温度瞬时值的区域分布是我们努力的方向，其难度较月平均更大。根据上面相关系数的分析结果，建立了基于地表温度的地温和夜间气温的回归模型，如图 5-17 和图 5-18 所示。

上午升温时段的地温：

$$T_c(m,d,t) = 0.8799T_s(m,d,t) + 2.481，R^2=0.9355，SE=3.02118℃$$

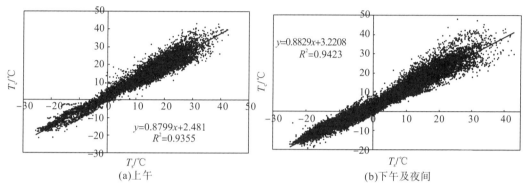

(a)上午　　　　　　　　　　　　　　(b)下午及夜间

图 5-17　瞬时地温与地表温度散点图

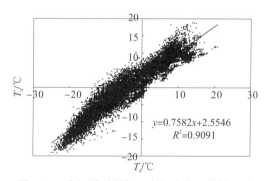

图 5-18　夜间瞬时空气温度与地表温度散点图

下午及夜间降温时段的地温：

$$T_c(m,d,t) = 0.8829T_s(m,d,t) + 3.2208，R^2=0.9423，SE=2.6871℃$$

夜间气温的回归方程为

$$T_a(m,d,t) = 0.7582T_s(m,d,t) + 2.5546，R^2=0.9091，SE=2.3281℃$$

可见，高山草甸瞬时地温和夜间瞬时气温的估算值在一定精度范围内可用。

4）回归模型检验

选择观测数据比较完整的 2007 年 10 月的地表温度，利用上述月平均和瞬时回归模型，进行对应地温和气温的估算，将估算结果与观测值进行比较，检验模型的可靠度。由图 5-19 可以看出，月平均地温估算值在夜间比观测值偏高，白天却比观测值偏低，特别是下午；月平均气温在最高温度前后一段时间的估算误差明显，夜晚和上午估算精度较高。上午

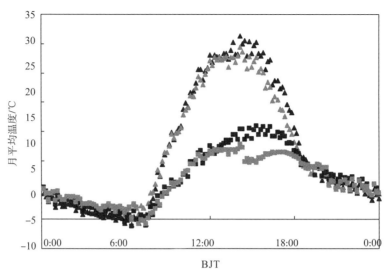

图 5-19　2007 年 10 月平均地温、气温的估算值与观测值

时段月平均地温估算值的平均绝对误差为 0.8939℃，标准误差为 1.0999℃；下午的平均绝对误差为 1.8039℃，标准误差为 2.2044℃；夜间的平均绝对误差为 0.9654℃，标准误差为 1.0818℃。上午月平均气温估算值的平均绝对误差为 0.5304℃，标准误差为 0.6337℃；下午的平均绝对误差为 3.2954℃，标准误差为 3.5445℃；夜间的平均绝对误差为 0.6923℃，标准误差为 0.8136℃。

　　图 5-20 给出了 2007 年 10 月 10 日的瞬时地温和夜间气温估算值与其对应的观测值。瞬时地温估算值上午的平均绝对误差为 2.4722℃，标准误差为 3.0322℃；下午的平均绝对误差为 2.8437℃，标准误差为 3.4400℃；夜间的平均绝对误差为 1.6463℃，标准误差为 1.7855℃。夜间气温估算值平均绝对误差为 1.1389℃，标准误差为 1.4214℃。

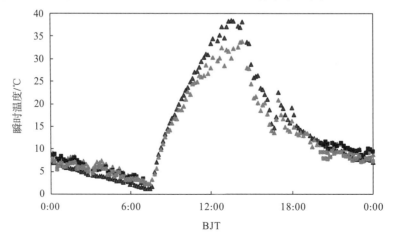

图 5-20　2007 年 10 月 10 日瞬时地温和夜间气温的估算值与观测值

　　2007 年 10 月的估算结果同样说明了依据草甸地表温度，可获得较满意的夜间地温和气温，以及一定精度范围内的白天地温；白天气温的估算，还需考虑太阳辐射、草甸状态等的影响。

5.6　青藏高原卫星遥感大气可降水量可靠性评估

　　大气水汽随时间和空间变化明显，是预测天气和气候变化的一个非常重要的物理量。大气可降水量(total precipitable water，TPW)被定义为单位面积、垂直气柱、整层大气所含水蒸气完全凝结成水，收集在单位面积容器中的高度值，用于表征整层大气的水汽情况。长期以来，无线电探空一直是监测大气水汽的主要手段，但无线电探空成本较高，探空站点稀少，一般一天只进行两次观测，根本不能满足气象科研和业务对时空分辨率的需求。所以，采用其他信息源的 TPW 计算方法研究受到极大关注，如采用地面湿度参量计算，采用地基 GPS 估算，以及卫星遥感反演等，特别是利用卫星遥感反演能够分析区域范围内大气水汽的时空分布及变化特征。然而，卫星反演大气水汽存在不确定性，所以人们在研究卫星反演大气水汽方法的同时，也关注产品精度的评估。Dalu(1986)指出 IRIS 单通道、三通道和 AVHRR 双通道红外遥感反演大气水汽误差不同；Kleespies 和 McMillin(1990)指出劈窗方差算法反演的 AVHRR 和 VAS 大气可降水量与探空数据相关系数和标准误差都存在明显差异。师春香和谢正辉(2005)指出采用 GMS-5 红外分裂窗通道算法反演 1998 年夏季中国地区大气可降水，使用高空探测资料为初始值，由 MODTAN 辐射传输模式计算大气透过率并进行卫星辐射值正演计算，均方根误差为 3.69mm；用数值预报资料作为初估场，由 RTTOV7 快速辐射传输模式计算大气透过率并进行卫星辐射值正演计算，均方根误差为 4.09mm。谷晓平等(2009)指出贵州地区从 MODIS 卫星第 18 和第 19 波段表观反射率的比值反演的大气可降水量比 EOS(earth observing system，地球观测系统)发布的 MODIS 近红外水汽反演结果更接近实际探测的结果。胡秀清等(2011)指出中国及周边区域利用近红外通道比的方法反演 MERSI 大气可降水量比探空数据有 20%～30%的系统性偏低。李艳永等(2011)指出乌鲁木齐地区 MODIS 近红外水汽比地基 GPS 水汽偏小。已有研究结果表明，卫星反演能够正确反映水汽分布的趋势，但反演精度因探测器、反演方法和地区等不同存在差异，在使用卫星反演 TPW 产品之前，需要对其准确率有较清晰的认识。青藏高原东南部及其邻近地区地形起伏大，下垫面极不均匀，而且探空站点尤为稀少，卫星反演 TPW 产品的应用尤为迫切。国家卫星气象中心发布的 FY-2 卫星反演 TPW 产品具有较高时间分辨率(3h)和较高空间分辨率(10km)的特点，基本满足了科研和业务的需求，但其产品精度不详。所以，本书将青藏高原东南部及邻近地区作为研究区，将 FY-2E 卫星大气可降水量(FY-2E TPW)与利用探空观测资料计算的值(RS TPW)进行比较，分析卫星产品的区域可靠性，为其反演精度的提高提供依据，以促进我国风云卫星反演产品在青藏高原东南部及邻近地区的应用。

5.6.1　数据来源与处理

本研究使用的 FY-2E 卫星反演晴空大气可降水量来自国家卫星气象中心的风云卫星遥感数据服务网,探空数据取自西南区域气象中心和中国气象局成都高原气象研究所。FY-2E TPW 采用红外分裂窗通道反演,数据分辨率为 $0.1°×0.1°$,每天分发 8 次。为了有尽量多时次、多站点的探空资料,选择中国气象局成都高原气象研究所开展西南低涡加密观测的 2010~2012 年数据进行对比分析,站点信息可参见表 5-18。在 6 月 21 日至 7 月 31 日西南低涡加密观测期间,四川省增加了稻城、金川、九龙和剑阁站的 GPS 探空,探空观测从每天两次增加到了四次。

表 5-18　大气可降水量相关系数

站名	省份	纬度/(°)	经度/(°)	高度/m	样本数/个	相关系数
那曲	西藏	31.48	92.06	4508	255	-0.41
拉萨	西藏	29.66	91.13	3649	335	-0.66
定日	西藏	28.63	87.08	4302	214	-0.63
昌都	西藏	31.15	97.16	3316	272	-0.48
林芝	西藏	29.56	94.46	2992	335	-0.39
甘孜	四川	31.61	100.00	3395	468	-0.58
金川	四川	31.48	102.07	2169	49	-0.27
红原	四川	32.80	102.55	3493	624	-0.48
温江	四川	30.70	103.83	544	465	0.81
巴塘	四川	30.00	99.10	2590	707	-0.57
稻城	四川	29.05	100.30	3728	34	-0.37
九龙	四川	29.00	101.50	2925	123	-0.02
宜宾	四川	28.80	104.60	341	555	0.92
西昌	四川	27.90	102.26	1599	1069	0.08
剑阁	四川	32.01	105.28	536	70	0.76
达州	四川	31.20	107.50	344	559	0.80
重庆	重庆	29.58	106.46	256	515	0.90
威宁	贵州	26.86	104.28	2238	695	0.35
贵阳	贵州	26.58	106.71	1223	586	0.82
丽江	云南	26.86	100.21	2381	759	-0.41
腾冲	云南	25.01	98.50	1656	827	0.71
昆明	云南	25.01	102.68	1889	825	0.66
思茅	云南	22.66	101.40	1302	761	0.82
蒙自	云南	23.38	103.38	1302	822	0.76

由于中国西部水汽含量主要集中在 500hPa 以下,而且 500hPa 探空气球水平飘移距离在 10km 以下,所以将探空站对应 2×2 像元窗口的 FY-2E TPW 平均值与 RS TPW 进行匹配,可以减小探空气球飘移导致的偏差。另外,考虑到 FY-2E 气象卫星大气可降水量只有在晴空条件下有效,为减少云的影响,仅挑选探空站对应 2×2 像元窗口都为晴空的数据参与分析。

利用探空资料计算整层大气可降水量的公式如下:

$$TPW = \frac{1}{g}\int_{p_0}^{0} M_r(p)\mathrm{d}p$$

式中,$M_r(p)$ 为混合比,它随气压 p 变化;g 是重力加速度;p_0 为地面气压;TPW 是整层大气可降水量。

5.6.2　卫星反演与大气廓线计算 TPW 的相关分析

1. 相关系数

利用 2010~2012 年西南地区所有探空资料,计算各探空站的大气可降水量,分析其同对应 FY-2E 卫星晴空大气可降水量之间的相关系数,见表 5-18。由表 5-18 可以看出,西藏的所有台站,以及川西高原的甘孜、金川、红原、巴塘、稻城、九龙和云南北部的丽江,FY-2 ETPW 与 RS TPW 相关系数为负值,其中拉萨、定日、甘孜和巴塘相关系数甚至小于−0.50;余下台站相关系数虽然为正,但只有温江、宜宾、剑阁、达州、重庆、贵阳、腾冲、昆明、思茅和蒙自的相关系数大于 0.50,相关系数在 0.80 及以上的仅有温江、宜宾、达州、重庆、贵阳和思茅。对台站海拔和相关系数的分析表明,海拔在 2000m 以上的台站,除贵州省的威宁相关系数为 0.35 以外,其余台站的相关系数均为负值。FY-2E TPW 与 RS TPW 理论上应存在显著的正相关关系,青藏高原地区相关系数全为负,表明 FY-2E 晴空大气可降水量产品在该地区是不可信的。

接下来,对海拔低于 2000m(简称低海拔)台站的 FY-2E TPW 与 RS TPW 的线性相关稳定性进行分析。将温江、宜宾、西昌、剑阁、达州、重庆、贵阳、腾冲、昆明、思茅和蒙自统称为低海拔地区,按观测时次和月份进行样本分类,计算不同时次和月份的相关系数。由表 5-19 可知,06:00(UTC)的相关系数最小,为 0.79,18:00 相关系数最大,为 0.84,各时次存在稳定的线性正相关关系,但不同月份相关系数却存在明显差异,1~3 月和 11~12 月相关系数低于 0.5,特别是 2 月和 12 月相关系数接近 0,不存在线性相关关系,而 4~10 月每月相关系数都在 0.5 以上。以上分析表明,西南海拔低于 2000m 的地区,4~10 月 FY-2E 与 RS TPW 存在稳定的线性正相关关系,FY-2E TPW 具有相当的可靠性。

表 5-19　低海拔地区 FY-2E TPW 与 RS TPW 的相关系数

月份	相关系数	时次	相关系数
1	0.36		
2	0.01	00:00	0.80
3	0.29		

月份	相关系数	时次	相关系数
4	0.52	06:00	0.79
5	0.76		
6	0.66		
7	0.82	12:00	0.82
8	0.75		
9	0.64		
10	0.73	18:00	0.84
11	0.44		
12	0.03		

2. 月平均误差分析

将青藏高原地区与其东侧低海拔地区分开进行 FY-2E TPW 和 RS TPW 月平均计算，并将后者作为"真值"，分析月平均 FY-2E TPW 的平均误差。由图 5-21(a) 可知，低海拔地区月平均 RS TPW 7 月最大，为 43.21mm，1 月最小，为 10.38mm；6 月和 7 月 FY-2E TPW 比 RS TPW 偏小，而其他月份 FY-2E TPW 都偏大；4～10 月平均偏差不足 4mm，其余月份偏差在 6mm 以上，1 月偏差最大，达 10.98mm；5～8 月相对偏差不足 4%，而 1 月相对偏差高达 105.84%。由图 5-21(b) 可知，青藏高原地区月平均 RS TPW 也是 7 月最大，1 月最小，分别为 19.46mm 和 4.67mm；仅 7 月 FY-2E TPW 比 RS TPW 偏小，其他 11 个月都偏大；除 6 月和 7 月偏差不足 5mm 以外，其他月份都偏大 8mm 以上，其中 1 月偏大 36.46mm；相对偏差除 6 月和 7 月在 25%以内，其余都在 50%以上，1 月高达 780.45%。以上分析表明，不论是青藏高原还是其相邻地区，FY-2E 卫星反演晴空大气可降水量夏季误差最小，冬季最大，除夏季外，其余季节 FY-2E TPW 比 RS TPW 偏大，冬季青藏高原地区误差特别大。不论是低海拔区还是高原地区，冬季各月 FY-2E TPW 比 RS TPW 都明显偏大，并且高原地区 FY-2E TPW 相对误差除 6～9 月外都达到 100%以上。

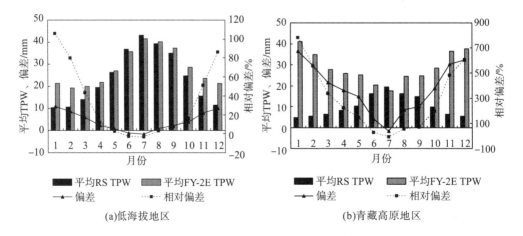

图 5-21　月平均 TPW、偏差及相对偏差

究其原因，可能有如下几个：①FY-2E TPW 采用的是红外分裂窗算法，对于干、冷的大气，水汽信号可能被仪器噪声掩盖，导致算法失效，高原地区冬季比低海拔地区更加干冷，算法的适用性更差；②计算 FY-2E TPW 时将数值预报场作为初始估计场，高原地区数值预报场误差比低海拔地区大，导致高原地区的 FY-2E TPW 误差较大；③计算 FY-2E TPW 时假定地表红外发射率为 1 不成立，特别是高原地区地表极不均匀，在时间上也会有急剧变化，如冬季为冰雪的下垫面，夏季却变为草甸，发射率具有明显时、空变化特征，发射率变化比低海拔地区明显，导致高原地区的 FY-2E TPW 误差较大。

3. 线性回归方程

假设探空计算的大气可降水量为"真值"，建立 4～10 月低海拔地区 FY-2E TPW 的线性订正方程。图 5-22 为 4～10 月低海拔地区的 FY-2E TPW 与 RS TPW 散点图，给出了回归模型为

$$\text{TPW}' = 0.9575\text{TPW}_{\text{FY-2E}} + 0.3373$$

其 $R^2 = 0.7154$，估计标准误差 SE=6.57mm，通过 99%显著性水平检验。

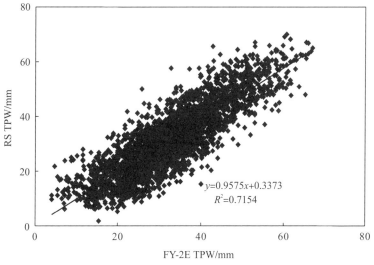

图 5-22 低海拔地区 4～10 月 FY-2E TPW 与 RS TPW 散点图

4. 四川盆地 TPW 分布

根据 FY-2E TPW 与 RS TPW 的相关分析结果可知，在低海拔地区的 4～10 月，利用 FY-2E TPW 数据，可获取有较高可信度、较高时空分辨率的区域 TPW。本研究选择晴空的 2012 年 7 月 29 日四川盆地进行个例分析，以说明 FY-2E TPW 在区域分布认识中的应用。利用 FY-2E TPW 数据，经回归模型修订，计算出四川盆地的 TPW。00:00，资阳市的东北部有一超过 65mm 的 TPW 高值中心，随后高值中心区缩小减弱，06:00 下降到 65mm 以下，到 21:00 下降到 60mm 以下，盆地周边 TPW 变化不大。利用 FY-2E TPW，能更全面地了解四川盆地 TPW 的空间分布特征和时间变化特征，若仅依靠盆地内的温江、宜宾、达州和重庆 4 个探空站的资料，采用一般插值方法，不可能获取正确的盆地 TPW 分布特征，而且这 4 个站点布点存在问题，均位于盆地边缘地区，盆地中部缺乏探空数据支持。

表 5-20 给出了四川盆地内探空站对应的 TPW'与 RS TPW 的偏差。00:00,剑阁偏差最大,TPW'比 RS TPW 偏小 9.17mm(20.08%),重庆仅偏大 0.56mm(1.03%);12:00 宜宾偏差最大,估算值较 RS TPW 偏大 12.75mm,相对偏差达 30.08%,其他站点偏差不足 4.40mm,相对偏差基本控制在 10%以内。TPW'除个别站偏差较大外,大多地方相对偏差控制在 10%以内,具有相当的可靠性。

表 5-20   2012 年 7 月 29 日 TPW 与估算偏差

时次	站名	FY-2E TPW/mm	TPW'/mm	RS TPW/mm	偏差/mm	相对偏差/%
00:00	温江	48.00	46.30	49.60	-3.30	-6.66
	剑阁	37.75	36.48	45.65	-9.17	-20.08
	宜宾	56.75	54.68	52.39	2.29	4.36
	达州	57.25	55.15	60.66	-5.51	-9.08
	重庆	56.50	54.44	53.88	0.56	1.03
12:00	温江	49.75	47.97	48.58	-0.61	-1.25
	剑阁	42.00	40.55	44.90	-4.35	-9.68
	宜宾	57.25	55.15	42.40	12.75	30.08
	达州	55.75	53.72	55.13	-1.41	-2.56
	重庆	55.75	53.72	50.44	3.28	6.50

5.7   小   结

(1)藏东南地区地形复杂、土地覆盖类型多样,MODIS 地表温度产品验证面临处理混合像元的难题,为获得与像元尺度(1km)相匹配的地表温度数据,提出了基于多点组网同步观测数据的 MODIS 地表温度面积加权法,为高原复杂下垫面区域 MODIS 地表温度产品的验证和应用提供了观测研究新途径。①面积加权法就是利用研究区内几种典型下垫面上同步观测采集的数据资料,通过混合像元内每种典型下垫面所占面积比例加权求和推算与像元尺度相匹配的地面信息(如地表温度)。②依据藏东南地气交换野外试验观测资料,将该方法应用于林芝地区年、月、日夜间晴空 MODIS 地表温度产品验证表明,单点观测不能完全代表像元,容易低估产品精度(10 个样本均方根误差为 2.2K),面积加权法可获得综合性更好的地面地表温度信息,对 MODIS 地表温度产品的精度给出更高的评价(30 个样本均方根误差为 1.4K)。对于地表类型混杂程度高且地势较为平坦的像元,面积加权法的优势更为明显,可将 MODIS 地表温度产品与地面地表温度之间的差异由 3K 降至 1K 以内,而对于地表较为均一的 MODIS 像元,单点法与面积加权法效果相似。③面积加权法是一种简单、实用、可行的地表温度尺度变换方法,比单点法能更好地代表混合像元的整体状况,克服了单点观测不能完全代表像元、容易低估产品精度的缺陷。④由于地形也是控制地表能量平衡过程的一个重要因子,需要深入研究在面积加权的同时加入地形修正因素的可行性,以进一步提高面积加权法的应用效果,扩大应用范围。

(2)利用 2013 年 6 月 10 日试验地区 5 种下垫面的边界层观测数据,分析了空气动力学阻抗的日间变化特征,评估了目前卫星反演感热通量常用的空气动力学阻抗模型的适用性,分析了作物高度对卫星反演感热通量估算精度的影响,得出如下结论:①空气动力学阻抗随时间的变化而变化,变化幅度草地最大、麦田最小;②Thom_1975 模式估算的空气动力学阻抗除麦田、森林阴坡不如 Choudhury 模式外,其他下垫面估算结果都更接近实测值;③试验区平均空气动力学阻抗,Thom_1975 模型估算误差最小,Choudhury 模型次之,Thom_1977 模型误差最大;④假设空气动力学粗糙度和零平面位移仅是作物高度的线性函数,相同的作物高度估算误差,偏小比偏大、高作物比低作物造成的感热通量估算误差大,高度低于 0.7m 的作物,高度估算误差小于 10%引起的感热通量估算误差小于 6%。

(3)选用项目对比试验区青藏高原东侧理塘站高山草甸间隔 10min 的高时间分辨率地表温度观测数据,对常用的 Pr'84、BL'90、Vi'91、Ke'92、Ul'94 和 CC'97 等 6 种 NOAA/AVHRR 分裂窗算法反演结果在高原高山草甸地区的精度进行了验证对比分析。①6 种算法反演地表温度与实测值之间均呈显著的线性正相关关系,相关系数都在 0.97 以上,其中 Ke'92 算法相关系数最小。②Pr'84、Vi'91、Ul'94 和 CC'97 算法反演的地表温度较实测值偏低;Vi'91 算法偏差幅度最大(最大超过 3K),BL'90 算法和 Ke'92 算法偏差幅度较小(在 2k 以内)。③BL'90 算法反演地表温度的平均绝对误差最小(0.77K),Vi'91 算法平均绝对误差最大(2.25K)。④若整层空气柱含水量误差控制在 5mm 以内,则 CC'97 算法反演地表温度的误差在 0.26K 以内。⑤综合分析认为,BL'90 算法利用 NOAA/AVHRR 数据反演青藏高原高山草甸地表温度精度较高,是青藏高原高山草甸地表温度反演的较好选择。但由于研究观测场地单一,且缺少春季和夏季数据,以上结论还有待不同季节、不同下垫面的更多观测数据予以验证检验。

(4)利用项目对比试验区青藏高原东侧理塘站红外测温仪和长波辐射表观测数据,在分析实测地表温度精度的基础上,对 MODIS 地表温度产品进行评估,并建立了基于 MODIS 地表温度的高原高山草甸地表温度估算统计模型,可为卫星遥感反演地表温度产品在高原气象与生态环境研究中的应用提供参考。①地表辐射温度比 MODIS 地表温度偏低,白天偏低可达 1.86K,夜间偏低可达 1.08K,差值随地表发射率的减小而增大,随地表长波净辐射的递增而递增。②当 MODIS 地表温度低于 285K 时,基于红外测温仪和长波辐射表两种观测仪器获取的地表温度偏差集中在±2.5K 以内,平均偏差为 1.08K;而当 MODIS 地表温度高于 285K 时,平均偏差增大到 2.74K,最大偏差可达 10K。③地表宽波段发射率偏差小于 0.01 时,基于红外测温仪和长波辐射表两种观测仪器获取的地表温度误差小于 0.5K。④MODIS 地表温度总体上与实测地表温度呈显著的线性相关关系,相关系数在 0.95 以上,且夜间相关系数大于白天,Terra 卫星的相关系数大于 Aqua 卫星的相关系数。⑤MODIS 地表温度总体与用红外测温仪测量的地表辐射温度之间的误差最小,与用长波辐射估算的地表温度误差最大。⑥在 MODIS 地表温度产品综合评估的基础上,基于 MODIS 地表温度构建了地表温度估算统计模型,检验表明其标准误差为 4.4904K,决定系数达 0.9299,且通过 99%的显著性检验,可用于青藏高原高山草甸 MODIS 地表温度产品订正。

(5)红外测温仪是检验卫星反演地表温度准确性的主要仪器,其测得的地表温度被看作卫星反演地表温度最准确的参考值,基于此利用项目对比试验区青藏高原东侧理塘大气综合观测站的高山草甸温度观测数据,分析了青藏高原高山草甸遥感地表温度、0cm 地温和距地表 1.25m 高度的气温的变化特征及其相互关系,构建了卫星遥感估算青藏高原高山草甸地温和气温统计模型,为卫星反演地表温度产品在高原气象与高原环境研究中的应用提供方法参考。①高山草甸的年平均地温>年平均遥感地表温度>年平均气温,最高月平均气温和地温都出现在 7 月,高山草甸生长季 5~8 月是遥感地表温度全年的高值期,在此期间草甸月平均遥感地表温度变化平缓;最低月平均遥感地表温度和地温都出现 12 月,最低月平均气温出现在 1 月。②白天,年平均遥感地表温度与地温的变化基本同步,在13:30(北京时间)达最高,而年平均气温变化明显滞后于前两者,在 15:50(北京时间)达最高;夜间,3 种温度都呈线性递减,在凌晨 06:40(北京时间)附近出现最低值。③无论在何时段,高山草甸遥感地表温度与地温的年平均、月平均和瞬时值之间都呈显著的线性正相关关系,除 8 月同步瞬时的相关系数为 0.8722 外,其他月份相关系数均在 0.95 以上;夜间遥感地表温度与气温之间也呈显著的线性正相关关系,白天尤其是下午相关性较差,瞬时值相关系数不足 0.63;月平均最低和极端最低遥感地表温度与地温、气温之间具有很好的相关性,相关系数均在 0.97 以上;月平均最高和极端最高遥感地表温度与地温也存在较好的相关性,相关系数介于 0.6~0.8,但与气温的相关性较差,相关系数都不足 0.4。④基于遥感地表温度构建的高山草甸地温年、月平均和瞬时值统计模型在一定精度范围内可行,最大标准误差分别为 0.5076℃、2.3593℃和 3.02118℃。⑤基于遥感地表温度构建的夜间高山草甸气温年、月平均和瞬时值平均统计模型在一定精度范围内可行,其标准误差分别为 0.2625℃、1.6623℃和 2.3281℃;白天年平均气温统计模型可行,下午估算标准误差较上午大,为 0.6858;白天月平均气温的统计模型不统一,与草甸状况(包括草的生长和土壤水分)及太阳辐射有关。

(6)以青藏高原东南部及邻近地区为研究区域,通过 FY-2E 卫星大气可降水量(FY-2E TPW)与探空观测资料大气可降水量计算值(RS TPW)的比较分析,研究了晴空大气可降水量卫星产品的区域可靠性,为其反演精度的提高提供依据。①青藏高原 FY-2E TPW 与 RS TPW 呈负相关关系,表明 FY-2E 卫星反演晴空大气可降水量在该区域不可靠。除 7月 FY-2E TPW 比 RS TPW 偏小外,其他月份都偏大;仅 6 月和 7 月偏差不足 5mm、相对偏差在 25%以内,其他月份都偏大 8mm 以上,相对偏差都在 50%以上,1 月高达 780.45%。②低海拔地区(2000m 以下)4~10 月 FY-2E TPW 与 RS TPW 呈显著稳定正相关关系,FY-2E 卫星反演晴空大气可降水量有较高的可靠性。6 月和 7 月 FY-2E TPW 比 RS TPW偏小,其他月份都偏大;5~8 月相对偏差不足 4%,1 月偏差最大,为 10.98mm,相对偏差达 105.84%。③不论是高原还是低海拔地区,RS TPW 月平均都是 7 月最大,1 月最小。④构建了低海拔地区 FY-2E TPW 订正模型,其标准误差为 6.57mm,通过 99%的显著性检验,但在实际应用中也存在个别站点误差较大的情况,还有待进一步改进。

参 考 文 献

卞林根, 陆龙骅, 程彦杰, 等, 2001a. 青藏高原东南部昌都地区近地层湍流输送的观测研究[J]. 应用气象学报, 12(1): 1-13.

卞林根, 陆龙骅, 逯昌贵, 等, 2001b. 1998 年夏季青藏高原辐射平衡分量特征[J]. 大气科学, 25(5): 577-588.

蔡英, 钱正安, 吴统文, 等, 2004. 青藏高原及周围地区大气可降水量的分布、变化与各地多变的降水气候[J]. 高原气象, 23(1): 1-10.

陈渤黎, 吕世华, 罗斯琼, 2012. CLM3.5 模式对青藏高原玛曲站陆面过程的数值模拟研究[J]. 高原气象, 31(6): 1511-1522.

陈海山, 孙照渤, 2005. 青藏高原单点地气交换过程的模拟试验[J]. 高原气象, 24(1): 9-15.

陈家宜, 王介民, 光田宁, 1997. 一种确定地表粗糙度的独立方法[J]. 大气科学, 17(1): 21-26.

陈隆勋, 段庭扬, 李维亮, 1985. 1979 年夏季青藏高原上空大气热源的变化及大气能量收支特性[J]. 气象学报, 43(1): 1-12.

陈世强, 吕世华, 奥银焕, 等, 2008. 夏季不同天气背景条件下黑河中游不同下垫面的辐射特征[J]. 中国沙漠, 28(3): 514-518.

谌志刚, 卞林根, 陆龙骅, 等, 2008. 涡度相关仪倾斜订正方法的比较及应用[J]. 气象科技, 36(3): 355-359.

杜建飞, 陈渭民, 吴鹏飞, 等, 2004. 由 GMS 资料估算我国东部地区夏季地表净辐射[J]. 南京气象学院学报, 27(5): 674-680

冯健武, 刘辉志, 王雷, 等, 2012. 半干旱区不同下垫面地表粗糙度和湍流通量整体输送系数变化特征[J]. 中国科学(地球科学), 42(1): 24-33.

高笃鸣, 李跃清, 蒋兴文, 等, 2016. WRF 模式多种边界层参数化方案对四川盆地不同量级降水影响的数值试验[J]. 大气科学, 40(2): 371-389.

高懋芳, 覃志豪, 2006. 中国 MODIS 地表温度产品验证[J]. 国土资源遥感, 18(3): 15-18, 88.

高世仰, 张杰, 罗琦, 2017. 青藏高原非均匀下垫面热力输送系数的估算[J]. 高原气象, 36(3): 596-609.

高志球, 卞林根, 程彦杰, 等, 2002. 利用生物圈模型(SiB2)模拟青藏高原那曲草原近地面层能量收支[J]. 应用气象学报, 13(2): 129-141.

巩远发, 段廷扬, 陈隆勋, 等, 2005. 1997/1998 年青藏高原西部地区辐射平衡各分量变化特征[J]. 气象学报, 63(2): 225-235.

谷晓平, 王新明, 吴战平, 等, 2009. 基于 MODIS 近红外数据的贵州高原大气水汽反演研究[J]. 高原气象, 28(2): 446-451.

郭东林, 杨梅学, 李敏, 等, 2009. 青藏高原中部季节冻土区地表能量通量的模拟分析[J]. 高原气象, 28(5): 978-987.

郭建侠, 卞林根, 戴永久, 2007. 在华北玉米生育期观测的 16m 高度 CO_2 浓度及通量特征[J]. 大气科学, 31(4): 695-707.

何慧根, 胡泽勇, 荀学义, 等, 2010. 藏北高原湿地地表辐射的变化特征[J]. 太阳能学报, 31(5): 561-567.

何建军, 余晔, 刘娜, 等, 2014. 复杂地形区陆面资料对 WRF 模式模拟性能的影响[J]. 大气科学, 38(3): 484-498.

侯英雨, 张佳华, 延昊, 等, 2010. 利用卫星遥感资料估算区域尺度空气温度[J]. 气象, 36(4): 75-79.

胡秀清, 黄意玢, 陆其峰, 等, 2011. 利用 FY-3A 近红外资料反演水汽总量[J]. 应用气象学报, 22(1): 46-56.

胡隐樵, 奇跃进, 1991. 组合法确定近地面层湍流通量和通用函数[J]. 气象学报, 49(1): 46-53.

黄文彦, 沈新勇, 王卫国, 等, 2014. 边界层参数化方案对边界层热力和动力结构特征影响的比较[J]. 地球物理学报, 57(5): 1399-1414.

季国良, 吕兰芝, 邹基玲, 1995. 藏北高原太阳辐射能收支的季节变化[J]. 太阳能学报, 16(4): 340-346.

季国良, 时兴和, 高务祥, 2001, 藏北高原地面加热场的变化及其对气候的影响[J]. 高原气象, 20(3): 239-244.

季国良, 顾本文, 吕兰芝, 2002, 青藏高原北部的大气加热场特征[J]. 高原气象, 21(3): 238-242.

季劲钧, 黄玫, 2006. 青藏高原地表能量通量的估计[J]. 地球科学进展, 21(12): 1268-1273.

简茂球, 罗会邦, 2001. 1998年青藏高原东部及其邻近地区大气热源与南海夏季风建立的关系[J]. 高原气象, 20(4): 381-387.

蒋兴文, 李跃清, 王鑫, 等, 2009. 青藏高原东部及下游地区冬季边界层的观测分析[J]. 高原气象, 28(4): 754-762.

柯灵红, 王正兴, 宋春桥, 等, 2011. 青藏高原东北部MODIS地表温度重建及其与气温对比分析[J]. 高原气象, 30(2): 277-287.

李成才, 朱元竟, 1998. 利用GMS5红外分裂窗数据反演水汽的应用研究[J]. 北京大学学报(自然科学版), 34(1): 33-39.

李丁华, 吴敬之, 季国良, 1987. 1982年8月—1983年7月拉萨、那曲、改则、甘孜地面热量平衡分析[J]. 气象学报, 45(3): 370-373.

李斐, 邹捍, 周立波, 等, 2017. WRF模式中边界层参数化方案在藏东南复杂下垫面适用性研究[J]. 高原气象, 36(2): 340-357.

李国平, 陶红专, 2005. 高原降雨天气过程中总体输送系数的变化特征[J]. 高原气象, 24(4): 577-584.

李国平, 段廷扬, 巩远发, 2000. 青藏高原西部地区的总体输送系数和地面通量[J]. 科学通报, 45(8): 865-869.

李国平, 赵邦杰, 卢敬华, 2002. 青藏高原总体输送系数的特征[J]. 大气科学, 26(4): 1-7.

李红林, 李万彪, 2008. MODIS近红外资料反演大气水汽总含量[J]. 北京大学学报(自然科学版), 44(1): 121-128.

李宏毅, 肖子牛, 朱玉祥, 2018. 藏东南草地下垫面地气通量交换日变化的数值模拟[J]. 高原气象, 37(2): 443-454.

李家伦, 洪钟祥, 孙菽芬, 2000. 青藏高原西部改则地区大气边界层特征[J]. 大气科学, 24(3): 301-312.

李家伦, 洪钟祥, 罗卫东, 等, 1999. 青藏高原改则地区近地层通量观测研究[J]. 大气科学, 23(2): 142-151.

李娟, 李跃清, 蒋兴文, 等, 2016. 青藏高原东南部复杂地形区不同天气状况下陆气能量交换特征分析[J]. 大气科学, 40(4): 777-791.

李茂善, 马耀明, 吕世华, 等, 2008. 藏北高原地表能量和边界层结构的数值模拟[J]. 高原气象, 27(1): 36-45.

李韧, 赵林, 丁永建, 等, 2012. 近40a来青藏高原地区总辐射变化特征分析[J]. 冰川冻土, 34(6): 1319-1327.

李艳永, 崔彩霞, 赵玲, 等, 2010. 基于MODIS的近红外大气水汽含量的反演及其与地基GPS水汽的对比分析[J]. 沙漠与绿洲气象, 4(6): 30-33.

李英, 卢萍, 2013. 青藏高原东南缘近地层微气象学特征对比分析[J]. 高原山地气象研究, 33(4): 49-55.

李英, 李跃清, 赵兴炳, 2009. 青藏高原东坡理塘地区近地层湍流通量与微气象特征研究[J]. 气象学报, 67(3): 417-425.

李英, 胡志莉, 赵红梅, 2012. 青藏高原大气边界层结构特征研究综述[J]. 高原山地气象研究, 32(4): 91-96.

李跃清, 赵兴炳, 邓波, 2010. 2010年夏季西南涡加密观测科学试验[J]. 高原山地气象研究, 30(4): 80-84.

李跃清, 刘辉志, 冯健武, 等, 2009. 高山草甸下垫面夏季近地层能量输送及微气象特征[J]. 大气科学, 33(5): 1003-1014.

李震坤, 武炳义, 朱伟军, 等, 2011. CLM3.0模式中冻土过程参数化的改进及模拟试验[J]. 气候与环境研究, 16(2): 137-148.

梁宏, 刘晶淼, 李世奎, 2006. 青藏高原及周边地区大气水汽资源分布和季节变化特征分析[J]. 自然资源学报, 21(4): 526-534.

廖顺宝, 马琳, 岳燕珍, 等, 2004. NOAA-AVHRR资料反演地温与地面实测值的对比分析[J]. 国土资源遥感, 16(1): 19-22.

刘红燕, 苗曼倩, 2001. 青藏高原大气边界层特征初步分析[J]. 南京大学学报(自然科学), 37(3): 348-357.

刘辉志, 洪钟祥, 2000. 青藏高原改则地区近地层湍流特征[J]. 大气科学, 24(3): 289-300.

刘辉志, 冯健武, 邹捍, 等, 2007. 青藏高原珠峰绒布河谷地区近地层湍流输送特征[J]. 高原气象, 26(6): 1151-1161.

刘晓东, 罗四维, 钱永甫, 1989. 青藏高原地表热状况对夏季东亚大气环流影响的数值模拟[J]. 高原气象, 8(3): 205-216.

陆龙骅, 戴家洗, 1979. 唐古拉地区的总辐射和净辐射[J]. 科学通报, 24(9): 400-404.

陆龙骅, 周国贤, 张正秋, 等, 1995. 1992年夏季珠穆朗玛峰地区太阳直接辐射和总辐射[J]. 太阳能学报, 16(3): 229-233.

罗斯琼, 吕世华, 张宇, 等, 2008. CoLM模式对青藏高原中部BJ站陆面过程的数值模拟[J]. 高原气象, 27(2): 259-271.

马伟强, 马耀明, 胡泽勇, 等, 2004. 藏北高原地面辐射收支的初步分析[J]. 高原气象, 23(3): 348-352.

马伟强, 马耀明, 胡泽勇, 等, 2005. 藏北高原地区辐射收支和季节变化与卫星遥感的对比分析[J]. 干旱区资源与环境, 19(1): 109-115.

马伟强, 马耀明, 李茂善, 等, 2007. 藏北高原地区和西北干旱区地表能量季节变化特征对比分析[J]. 太阳能学报, 28(8): 922-928.

马耀明, 2012. 青藏高原多圈层相互作用观测工程及其应用[J]. 中国工程科学, 14(9): 28-34.

马耀明, 塚本修, 吴晓鸣, 等, 2000. 藏北高原草甸下垫面近地层能量输送及微气象特征[J]. 大气科学, 24(5): 715-722.

马耀明, 塚本修, 王介民, 等, 2001. 青藏高原草甸下垫面上的动力学和热力学参数分析[J]. 自然科学进展, 11(8): 824-828.

马耀明, 刘东升, 苏中波, 等, 2004. 卫星遥感藏北高原非均匀陆表地表特征参数和植被参数[J]. 大气科学, 28(1): 23-31.

马耀明, 姚檀栋, 王介民, 等, 2006. 青藏高原复杂地表能量通量研究[J]. 地球科学进展, 21(12): 1215-1223.

苗曼倩, 钱峻屏, 1996. 陆面上总体输送系数的特征[J]. 气象学报, 54(1): 95-101.

闵文彬, 2016. 西藏林芝地区空气动力学阻抗估算模型适用性分析[J]. 长江流域资源与环境, 25(4): 606-612.

闵文彬, 李宾, 2010. 四川盆地丘陵区地表感热通量分析[J]. 高原山地气象研究, 30(3): 58-61.

闵文彬, 李跃清, 2010. 利用 MODIS 反演四川盆地地表温度与地面同步气温、地温观测值的相关性试验[J]. 气象, 36(6): 101-104.

闵文彬, 李跃清, 2014. AVHRR 分裂窗算法反演高山草甸地表温度精度评估[J]. 高原山地气象研究, 34(2): 44-47.

闵文彬, 李跃清, 李宾, 2013. 高山草甸遥感温度和地气温度的关系分析[J]. 科学技术与工程, 13(12): 3497-3504.

闵文彬, 李跃清, 周纪, 2015. 青藏高原东侧 MODIS 地表温度产品验证[J]. 高原气象, 34(6): 1511-1516.

彭艳, 张宏升, 刘辉志, 等, 2005. 青藏高原近地面层气象要素变化特征[J]. 北京大学学报(自然科学版), 41(2): 180-190.

齐述华, 王军邦, 张庆员, 等, 2005. 利用 MODIS 遥感影像获取近地层气温的方法研究[J]. 遥感学报, 9(5): 570-575.

钱泽雨, 胡泽勇, 杜萍, 等, 2005. 青藏高原北麓河地区近地层能量输送与微气象特征[J]. 高原气象, 24(1): 43-48.

沈志宝, 成天涛, 王可丽, 2002. 青藏高原地面-对流层系统的能量收支[J]. 高原气象, 21(6): 546-551.

师春香, 谢正辉, 2005. 卫星多通道红外信息反演大气可降水业务方法[J]. 红外与毫米波学报, 24(4): 304-308.

唐信英, 韩琳, 王鸽, 等, 2015. 藏东南地区复杂下垫面辐射收支特征分析[J]. 冰川冻土, 37(4): 924-930.

陶诗言, 陈联寿, 徐祥德, 等, 1999. 第二次青藏高原大气科学试验理论研究进展(一)[M]. 北京: 气象出版社.

屠妮妮, 何光碧, 张利红, 2012. 不同边界层和陆面过程参数化方案对比分析[J]. 高原山地气象研究, 32(3): 1-8.

王澄海, 董文杰, 韦志刚, 2003. 青藏高原季节冻融过程与东亚大气环流关系的研究[J]. 地球物理学报, 46(3): 309-316.

王春林, 周国逸, 王旭, 等, 2007. 复杂地形条件下涡度相关法通量测定修正方法分析[J]. 中国农业气象, 28(3): 233-240.

王鸽, 韩琳, 唐信英, 等, 2014. 藏东南地区复杂下垫面能量收支特征分析[J]. 高原山地气象研究, 34(4): 44-47, 71.

王慧, 胡泽勇, 马伟强, 等, 2008. 鼎新戈壁下垫面近地层小气候及地表能量平衡特征季节变化分析[J]. 大气科学, 32(6): 1458-1470.

王慧, 胡泽勇, 李栋梁, 等, 2009. 黑河地区鼎新戈壁与绿洲和沙漠下垫面地表辐射平衡气候学特征的对比分析[J]. 冰川冻土, 31(3): 464-473.

王介民, 1999. 陆面过程实验和地气相互作用研究: 从 HEFEI 到 IMAGASS 和 GAME-Tibet/TIPEX[J]. 高原气象, 18(3): 280-294.

王介民, 邱华盛, 2000. 中日合作亚洲季风实验-青藏高原实验(GAME-Tibet)[J]. 中国科学院院刊, 15(5): 386-388.

王介民, 刘晓虎, 祁勇强, 1990. 应用涡旋相关方法对戈壁地区湍流输送特征的初步研究[J]. 高原气象, 9(2): 120-129.

王介民, 王维真, 奥银焕, 等, 2007. 复杂条件下湍流通量的观测与分析[J]. 地球科学进展, 22(8): 791-797.

王兰宁, 郑庆林, 宋青丽, 2003. 青藏高原西部下垫面对东亚大气环流季节转换影响的数值模拟[J]. 高原气象, 22(2): 179-184.

王丽娟, 左洪超, 陈继伟, 等, 2012. 遥感估算绿洲-沙漠下垫面地表温度及感热通量[J]. 高原气象, 31(3): 646-656.

王顺久, 唐信英, 王鸽, 等, 2018. 藏东南地区复杂下垫面地气交换观测试验研究[J]. 干旱区资源与环境, 32(2): 149-154.

王腾蛟, 张镭, 胡向军, 等, 2013. WRF 模式对黄土高原丘陵地形条件下夏季边界层结构的数值模拟[J]. 高原气象, 32(5): 1261-1271.

王新生, 徐静, 柳菲, 等, 2012. 近 10 年我国地表比辐射率的时空变化[J]. 地理学报, 67(1): 93-100.

王寅钧, 周明煜, 徐祥德, 等, 2013. MM5 和 ETA 相似理论近地层方案对农田下垫面通量模拟比较研究[J]. 气象学报, 71(4): 677-691.

王颖, 张镭, 胡菊, 等, 2010. WRF 模式对山谷城市边界层模拟能力的检验及地面气象特征分析[J]. 高原气象, 29(6): 1397-1407.

王圆圆, 闵文彬, 2014. 西藏林芝地区混合像元 MODIS 地表温度产品验证[J]. 应用气象学报, 25(6): 722-730.

王圆圆, 李贵才, 张艳, 2011. 利用 MODIS/LST 产品分析基准气候站环境代表性[J]. 应用气象学报, 22(2): 214-220.

王圆圆, 李贵才, 闵文彬, 等, 2014. 利用遥感估算区域气温评价站点代表性: 以藏东南林芝站点为例[J]. 气象, 40(3): 373-380.

吴国雄, 孙淑芬, 陈文, 等, 2003. 青藏高原与西北干旱区对气候灾害的影响[M]. 北京: 气象出版社.

吴敬之, 李丁华, 1990. 1982 年 8 月－1983 年 7 月青藏高原地面热源强度跃变事实及其现象[J]. 高原气象, 9(1): 110-112.

吴晓, 陈维英, 2005. 利用 FY-1D 极轨气象卫星分裂窗通道计算陆表温度[J]. 应用气象学报, 16(1): 45-53.

辛晓洲, 柳钦火, 唐勇, 等, 2005. 用 CBERS-02 卫星和 MODIS 数据联合反演地表蒸散通量[J]. 中国科学(E 辑), 35(S1): 125-140.

辛羽飞, 卞林根, 张雪红, 2006. CoLM 模式在西北干旱区和青藏高原区的适用性研究[J]. 高原气象, 25(4): 567-574.

徐安伦, 李建, 孙绩华, 等, 2013. 青藏高原东南缘大理地区近地层微气象特征及能量交换[J]. 高原气象, 32(1): 9-22.

徐海, 邹捍, 李鹏, 等, 2014a. 藏东南林芝机场低层风场垂直结构与变化特征[J]. 高原气象, 33(2): 355-360.

徐海, 邹捍, 李鹏, 等, 2014b. 林芝机场地面强风的统计特征及其对飞行安全的影响[J]. 高原气象, 33(4): 907-915.

徐祥德, 陈联寿, 2006. 青藏高原大气科学试验研究进展[J]. 应用气象学报, 17(6): 756-772.

徐祥德, 周明煜, 陈家宜, 等, 2001. 青藏高原地-气过程动力、热力结构综合物理图象[J]. 中国科学(D 辑), 31(5): 428-440.

徐自为, 刘绍民, 宫丽娟, 等, 2008. 涡动相关仪观测数据的处理与质量评价研究[J]. 地球科学进展, 23(4): 357-370.

徐自为, 刘绍民, 徐同仁, 等, 2009. 涡动相关仪观测蒸散量的插补方法比较[J]. 地球科学进展, 24(4): 372-382.

延昊, 王长耀, 牛铮, 等, 2001. 利用遥感和常规资料对比研究中国地面温度变化[J]. 气候与环境研究, 6(4): 448-455.

阳坤, 郭晓峰, 武炳义, 2010. 青藏高原地表感热通量的近期变化趋势[J]. 中国科学(地球科学), 40(7): 923-932.

姚檀栋, 陈发虎, 崔鹏, 等, 2017. 从青藏高原到第三极和泛第三极[J]. 中国科学院院刊, 32(9): 924-931.

叶笃正, 张捷迁, 1974. 青藏高原加热作用对夏季东亚大气环流影响的初步模拟实验[J]. 中国科学, 17(3): 301-320.

叶笃正, 高由禧, 1979. 青藏高原气象学[M]. 北京: 科学出版社.

于文凭, 马明国, 2011. MODIS 地表温度产品的验证研究: 以黑河流域为例[J]. 遥感技术与应用, 26(6): 705-712.

余锦华, 刘晶淼, 丁裕国, 2004. 青藏高原西部地表通量的年、日变化特征[J]. 高原气象, 23(3): 353-359.

曾新民, 吴志皇, 宋帅, 等, 2012. WRF 模式不同陆面方案对一次暴雨事件模拟的影响[J]. 地球物理学报, 55(1): 16-28.

张碧辉, 刘树华, Liu H P, 等, 2012. MYJ 和 YSU 方案对 WRF 边界层气象要素模拟的影响[J]. 地球物理学报, 55(7): 2239-2248.

张杰, 李栋梁, 2009. 青藏高原夏季凝结潜热时空分布特征分析[J]. 地学前缘, 16(1): 326-334.

张杰, 张强, 黄建平, 2010. 空气动力学阻抗算法在半干旱区的应用比较和遥感反演[J]. 高原气象, 29(3): 662-670.

张焜, 李跃清, 李英, 等, 2010. 青藏高原东部草甸下垫面涡旋相关观测数据的质量控制及评价研究[J]. 大气科学, 34(4): 703-714.

张人禾, 徐祥德, 2012. 青藏高原及东缘新一代大气综合探测系统应用平台: 中日合作 JICA 项目[J]. 中国工程科学, 14(9): 102-112.

张世强, 丁永建, 卢建, 等, 2005. 青藏高原土壤水热过程模拟研究(III): 蒸发量、短波辐射与净辐射[J]. 冰川冻土, 27(5): 645-648.

章基嘉, 朱抱真, 朱福康, 等, 1988. 青藏高原气象学进展[M]. 北京: 科学出版社.

赵平, 陈隆勋, 2001. 35 年来青藏高原大气热源气候特征及其与中国降水的关系[J]. 中国科学(D 辑), 31(4): 327-332.

赵兴炳, 李跃清, 2011. 青藏高原东坡高原草甸近地层气象要素与能量输送季节变化分析[J]. 高原山地气象研究, 31(2): 12-17.

赵兴炳, 彭斌, 秦宁生, 等, 2011. 青藏高原不同地区夏季近地层能量输送与微气象特征比较分析[J]. 高原山地气象研究, 31(1): 6-11.

郑庆林, 王三杉, 张朝林, 等, 2001. 青藏高原动力和热力作用对热带大气环流影响的数值研究[J]. 高原气象, 20(1): 14-21.

周纪, 李京, 张立新, 2009. 针对 MODIS 数据的地表温度反演算法检验: 以黑河流域上游为例[J]. 冰川冻土, 31(2): 239-246.

周立波, 邹捍, 马舒坡, 等, 2010. 喜马拉雅山地区地气间物质交换及其与南亚夏季风的联系[J]. 气候与环境研究, 15(3): 289-294.

周明煜, 徐祥德, 卞林根, 等, 2000. 青藏高原大气边界层观测分析与动力学研究[M]. 北京: 气象出版社.

周强, 李国平, 2013. 边界层参数化方案对高原低涡东移模拟的影响[J]. 高原气象, 32(2): 334-344.

周艳莲, 孙晓敏, 朱治林, 等, 2007. 几种典型地表粗糙度计算方法的比较研究[J]. 地理研究, 26(5): 887-896.

周长艳, 张虹娇, 赵兴炳, 等, 2012. 近三十多年青藏高原大气科学试验观测布局综述[J]. 高原山地气象研究, 32(1): 81-87.

卓嘎, 徐祥德, 陈联寿, 2002. 青藏高原边界层高度特征对大气环流动力效应的数值试验[J]. 应用气象学报, 13(2): 163-169.

Aubinet M, Heinesch B, Longdoz B, 2002. Estimation of the carbon sequestration by a heterogeneous forest: Night flux corrections, heterogeneity of the site and inter-annual variability[J]. Global Change Biology, 8(11): 1053-1071.

Bagayoko F, Yonkeu S, Elbers J, et al., 2007. Energy partitioning over the West African savanna: Multi-year evaporation and surface conductance measurements in Eastern Burkina Faso[J]. Journal of Hydrology, 334(3-4): 545-559.

Baldocchi D D, 2003. Assessing the eddy covariance technique for evaluating carbon dioxide exchange rates of ecosystems: Past, present and future[J]. Global Change Biology, 9(4): 479-492.

Baldocchi D D, Law B E, Anthoni P M, 2000. On measuring and modeling energy fluxes above the floor of a homogeneous and heterogeneous conifer forest[J]. Agricultural and Forest Meteorology, 102(2-3): 187-206.

Bayarjargal Y, Karnieli A, Bayasgalan M, et al., 2006. A comparative study of NOAA AVHRR derived drought indices using change vector analysis[J]. Remote Sensing of Environment, 105(1): 9-22.

Becker F, Li Z L, 1990. Towards a local split window method over land surfaces[J]. International Journal of Remote Sensing, 11(3): 369-393.

Bevis M, Businger S, Chiswell S, et al., 1994. GPS meteorology: Mapping zenith wet delays onto precipitable water[J]. Journal of Applied Meteorology, 33(3): 379-386.

Bian L G, Gao Z Q, Xu Q D, et al., 2002. Measurements of turbulence transfer in the near-surface layer over the Southeastern Tibetan Plateau[J]. Boundary-Layer Meteorology, 102(2): 281-300.

Blanken P D, Black T A, Neumann H H, et al., 1998. Turbulent flux measurements above and below the overstory of a boreal aspen forest[J]. Boundary-Layer Meteorology, 89(1): 109-140.

Bonan G B, Levis S, 2006. Evaluating aspects of the community land and atmosphere models (CLM3 and CAM3) using adynamic global vegetation model[J]. Journal of Climate, 19(1): 2290-2301.

Brach E J, Desjardins R L, StAmour G T, 1978. Open path CO_2 analyzer[J]. Journal of Physics E: Scientific Instruments, 14(12): 1415-1419.

Brown J F, Wardlow B D, Tadesse T, et al., 2008. The Vegetation Drought Response Index (VegDRI): A new integrated approach for monitoring drought stress in vegetation[J]. GIScience & Remote Sensing, 45(1): 16-46.

Burba G G, Verma S B, Kim J, 1999. Energy fluxes of an open water area in a mid-latitude prairie wetland[J]. Boundary-Layer Meteorology, 91(3): 495-504.

Chapin F S, Matson P A, Mooney H A, 2002. Principles of Terrestrial Ecosystem Ecology[J]. New York: Springer-Verlag Inc.

Coll C, Caselles V, 1997. A split-window algorithm for land surface temperature from advanced very high resolution radiometer data: Validation and algorithm comparison[J]. Journal of Geophysical Research: Atmospheres, 102(D14): 16697-16713.

Coll C, Caselles V, Galve J M, et al., 2005. Ground measurements for the validation of land surface temperatures derived from AATSR and MODIS data[J]. Remote Sensing of Environment, 97(3): 288-300.

Cresswell M P, Morse A P, Thomson M C, et al., 1999. Estimating surface air temperatures, from meteosat land surface temperatures, using an empirical solar zenith angle model[J]. International Journal of Remote Sensing, 20(6): 1125-1132.

Dalu G, 1986. Satellite remote sensing of atmospheric water vapour. International Journal of Remote Sensing, 7(9): 1089-1097.

Deacon E L, 1968. The leveling error in Reynolds stress measurement[J]. Bull. Amer. Meteor. Soc., 49: 836-851.

Desjardins R L, Lemon E R, 1974. Limitations of an eddy-correlation technique for the determination of the carbon dioxide and sensible heat fluxes[J]. Boundary-Layer Meteorology, 5: 475-488.

Eugster W, Rouse W R, Pielke R A Sr, et al., 2000. Land-atmosphere energyexchange in arctic tundra and boreal forest: Available data and feedbacks to climate[J]. Global Change Biology, 6(S1): 84-115.

Falge E, Baldocchi D, Olson R, et al., 2001. Gap filling strategies for defensible annual sums of net ecosystemexchange[J]. Agricultural and Forest Meteorology, 107(1): 43-69.

Florio E N, Lele S R, Chang Y C, et al., 2004. Integrating AVHRR satellite data and NOAA ground observations to predict surface air temperature: A statistical approach[J]. International Journal of Remote Sensing, 25(15): 2979-2994.

Foken T, Wichura B, 1996. Tools for quality assessment of surface-based flux measurements[J]. Agricultural and Forest Meteorology, 78(1-2): 83-105.

Garratt J R, 1975. Limitations of the eddy correlation technique for determination of turbulent fluxes near the surface[J]. Boundary-Layer Meteorology, 8(3): 255-259.

Garratt J R, Francey R J, 1978. Bulk characteristics of heat transfer in the unstable, baroclinic atmospheric boundary layer[J]. Boundary-Layer Meteorology, 15(4): 399-421.

Gitelson A A, Kogan F N, Zakarin E, et al., 1998. Using AVHRR data for quantitative estimation of vegetation conditions: Calibration and validation[J]. Advances in Space Research, 22(5): 673-676.

Goulden M L, Munger J W, Fan S M, et al., 1996. Measurements of carbon sequestration by long-term eddy covariance: Methods and a critical evaluation of accuracy[J]. Global Change Biology, 2(3): 169-182.

Goward S N, Waring R H, Dye D G, et al., 1994. Ecological remote-sensing at OTTER-Satellite macroscale observations[J]. Ecological Applications, 4(2): 322-343.

Haenel H D, Grünhage L, 1999. Footprint analysis: A closed analytical solution based on height-dependent profiles of wind speed and eddy viscosity[J]. Boundary-Layer Meteorology, 93(3): 395-409.

Högström U, 1988. Non-dimensional wind and temperature profiles in the atmospheric surface layer: A re-evaluation[J]. Boundary-Layer Meteorology, 42(1): 55-78.

Holtslag A A M, de Bruin H A R, 1988. Applied modeling of the nighttime surface energy balance over land[J]. Journal of Applied Meteorology, 27(6): 689-704.

Kaimal J C, Haugen D A. 1969. Some errors in the measurement of Reynolds stress[J]. Journal of Applied Meteorology, 8: 460-462.

Kanda M, Kanega M, Kawai T, et al., 2007. Roughness lengths for momentum and heat derived from outdoor urban scale models[J]. Journal of Applied Meteorology and Climatology, 46: 1067-1079.

Karnieli A, Agam N, Pinker RT, et al., 2010. Use of NDVI and land surface temperature for drought assessment: Merits and limitations[J]. Journal of Climate, 23(3): 618-633.

Kellner E, 2001. Surface energy fluxes and control of evapotranspiration from a Swedish Sphagnum mire[J]. Agricultural and Forest Meteorology, 110(2): 101-123.

Kerr Y H, Lagouarde J P, Imbernon J, 1992. Accurate land surface temperature retrieval from AVHRR data with use of an improved split window algorithm[J]. Remote Sensing of Environment, 41(2-3): 197-209.

Kleespies T J, McMillin L M, 1990. Retrieval of precipitable water from observations in the split window over varying surface temperatures[J]. Journal of Applied Meteorology, 29(9): 851-862.

Large W G, Pond S, 1982. Sensible and latent heat flux measurements over the ocean[J]. Journal of Physical Oceanography, 2(12): 464-482.

Lee X H, 1998. On micrometeorological observations of surface-air exchange over tall vegetation[J]. Agricultural and Forest Meteorology, 91(1-2): 39-49.

Liu S, Mao D, Lu L, 2006. Measurement and estimation of the aerodynamic resistance[J]. Hydrology and Earth System Sciences Discussions, 3: 681-705.

Lumley J L, 1964. The spectrum of nearly inertial turbulence in astably stratified fluid[J]. Journal of Atmosphere Science, 21: 99-102.

Luo H, Yanai M, 1984. The large scale circulation and heat sources over the Tibetan Plateau and surrounding areas during the early summer of 1979. Part II: Heat and moisture budgets[J]. Monthly Weather Review, 112(5): 966-989.

Luo S Q, Lü S H, Zhang Y, 2009. Development and validation of the frozen soil parameterization scheme in common land model[J]. Cold Regions Science and Technology, 55(1): 130-140.

Ma Y M, Ishikawa H, Tsukamoto O, et al., 2003. Regionalization of surface fluxes over heterogeneous landscape of the Tibetan Plateau by using satellite remote sensing data[J]. Journal of the Meteorological Society of Japan Ser II, 81(2): 277-293.

Ma Y M, Su Z B, Li Z L, et al., 2002. Determination of regional net radiation and soil heat flux densities over heterogeneous landscape of the Tibetan Plateau[J]. Hydrological Processes, 16(15): 2963-2971.

Mason P J, 1988. The formation of areally-averaged roughness lengths[J]. Quarterly Journal of the Royal Meteorological Society, 114(480): 399-420.

Massman W J, Lee X, 2002. Eddy covariance flux corrections and uncertainties in long-term studies of carbon and energy exchanges[J]. Agricultural and Forest Meteorology, 113(1-4): 121-144.

Moncrieff J B, Massheder J M, de Bruin H, et al., 1997. A system to measure surface fluxes of momentum, sensible heat, water vapor and carbon dioxide[J]. Journal of Hydrology, 188-189: 589-611.

Mostovoy G V, King R L, Reddy K R, et al., 2006. Statistical estimation of daily maximum and minimum air temperatures from MODIS LST data over the state of Mississippi[J]. GIScience and Remote Sensing, 43(1): 78-110.

Nieto H, Sandholt I, Aguado I, et al., 2011. Air temperature estimation with MSG-SEVIRI data: calibration and validation of the TVX algorithm for the Iberian Peninsula[J]. Remote Sensing of Environment, 115(1): 107-116.

Oncley S P, Foken T, Vogt R, et al., 2007. The energy balance experiment EBEX-2000. Part I: Overview and energy balance[J]. Boundary-Layer Meteorology, 123(1): 1-28.

Ottlé C, Vidal-Madjar D, 1992. Estimation of land surface temperature with NOAA9 data[J]. Remote Sensing of Environment, 40(1): 27-41.

Price J C, 1984. Land surface temperature measurements from the split window channels of the NOAA 7 advanced very high resolution radiometer[J]. Journal of Geophysical Research, 89(D5): 7231-7237.

Prihodko L, Goward S N, 1997. Estimation of air temperature from remotely sensed surface observations[J]. Remote Sensing of Environment, 60(3): 335-346.

Raupach M R, 1998. Influences of local feedbacks on land-air exchanges of energy and carbon[J]. Global Change Biology, 4(5): 477-494.

Riddering J P, Queen L P, 2006. Estimating near-surface air temperature with NOAA AVHRR[J]. Canadian Journal of Remote Sensing, 32(1): 33-43.

Schuepp P H, Leclerc M Y, MacPherson J I, et al., 1990. Footprint prediction of scalar fluxes from analytical solutions of the diffusion equation[J]. Boundary-Layer Meteorology, 50(1): 355-373.

Stathopoulou M, Cartalis C, Chrysoulakis N, 2006. Using midday surface temperature to estimate cooling degree-days from NOAA-AVHRR thermal infrared data: An application for Athens, Greece[J]. Solar Energy, 80(4): 414-422.

Stisen S, Sandholt I, Nørgaard A, et al., 2007. Estimation of diurnal air temperature using MSG SEVIRI data in West Africa[J]. Remote Sensing of Environment, 110(2): 262-274.

Sun J L, 1999. Diurnal variations of thermal roughness height over a grassland[J]. Boundary-Layer Meteorology, 92(3): 407-427.

Takagi K, Miyata A, Harazono Y, et al., 2003. An alternative approach to determining zero-plane displacement, and its application to a lotus paddy field[J]. Agricultural and Forest Meteorology, 115(3-4): 173-181.

Thom A S, 1972. Momentum, mass and heat exchange of vegetation[J]. Quarterly Journal of the Royal Meteorological Society, 98(415): 124-134.

Ulivieri C, Castronuovo M M, Francioni R, et al., 1994. A split window algorithm for estimating land surface temperature from satellites[J]. Advances in Space Research, 14(3): 59-65.

Vancutsem C, Ceccato P, Dinku T, et al., 2010. Evaluation of MODIS land surface temperature data to estimate air temperature in different ecosystems over Africa[J]. Remote Sensing of Environment, 114(2): 449-465.

Vickers D, Mahrt L, 1997. Quality control and flux sampling problems for tower and aircraft data[J]. Journal of Atmospheric and Oceanic Technology, 14(3): 512-526.

Vidal A, 1991. Atmospheric and emissivity correction of land surface temperature measured from satellite using ground measurements or satellite data[J]. International Journal of Remote Sensing, 12(12): 2449-2460.

Vogt J V, Viau A A, Paquet F, 1997. Mapping regional air temperature fields using satellite-derived surface skin temperatures[J]. International Journal of Climatology, 17(14): 1559-1579.

Wan Z, Zhang Y, Zhang Q, 2004. Quality assessment and validation of the MODIS global land surface temperature[J]. International Journal of Remote Sensing, 25(1): 261-274.

Wang A, Zeng X, 2012. Evaluation of multireanalysis products with in situ observations over the tibetan plateau[J]. Journal of Geophyscial Research: Atmospheres, 117(D05): D05102.

Wang K C, Liang S L, 2009. Evaluation of ASTER and MODIS land surface temperature and emissivity products using long-term surface longwave radiation observations at SURFRAD sites[J]. Remote Sensing Environment, 113(7): 1556-1565.

Wang S Z, Ma Y M, 2011. Characteristics of land-atmosphere interaction parameters over the Tibetan Plateau[J]. Journal of Hydrometeorology, 12(4): 702-708.

Wang W H, Liang S L, Meyers T, 2008. Validating MODIS land surface temperature products using long-term nighttime ground measurements[J]. Remote Sensing of Environment, 112(3): 623-635.

Wieringa J, 1993. Representative roughness parameters for homogeneous terrain[J]. Boundary-Layer Meteorology, 63(4): 323-363.

Wilczak J M, Oncley S P, Stage S A, 2001. Sonic anemometer tilt correction algorithms[J]. Boundary-Layer Meteorology, 99(1): 127-150.

Wang B, Fan Z, 1999. Choice of South Asian summer monsoon indices[J]. Bulletin of the American Meteorological Society, 80(4): 629-638.

Wohlfahrt G, Anfang C, Bahn M, et al., 2005. Quantifying nighttime ecosystem respiration of ameadow using eddy covariance, chambers and modeling[J]. Agricultural and Forest Meteorology, 128(3-4): 141-162.

Yan H R, Huang J P, Minnis P, et al., 2011. Comparison of CERES surface radiation fluxes with surface observations over Loess Plateau[J]. Remote Sensing Environment, 115(6): 1489-1500.

Yang K, Koike T, Ishikawa H, et al., 2008. Turbulent flux transfer over bare-soil surfaces: Characteristics and parameterization[J]. Journal of Applied Meteorology and Climatology, 47(1): 276-290.

Yasuda Y, Watanabe T, 2001. Comparative measurements of CO_2 fluxover a forest using closed-path and open-path CO_2 analysers[J]. Boundary-Layer Meteorology, 100(2): 191-208.

Zheng D H, van der Volde R, Su Z B, et al., 2014. Assessment of roughness length schemes implemented within the noah land surface model for high-altitude regions[J]. Journal of Hydrometeorology, 15(3): 921-937.

Zhou L B, Zhang Y, Ma S P, 2014. Continuous ozone depletion over Antarctica after 2000 and its relationship with the polar vortex[J]. Journal of Meteorological Research, 28(1): 162-171.

Zhou L B, Zou H P, Ma S P, et al., 2015. The observed impacts of South Asian summer monsoon on the local atmosphere and the near surfaceturbulent heat exchange over the Southeast Tibet[J]. Journal of Geophyscial Research: Atmospheres, 120(22): 11509-11518.

Zou H, Ma S P, Zhou L B, et al., 2009. Measured turbulent heat transfer on the northern slope of Mt. Everest and its relation to the south Asian summer monsoon[J]. Geophysical Research Letters, 36: L09810.

Zou H, Li P, Ma S P, et al., 2012. The local atmosphere and the turbulent heat transfer in the eastern Himalayas[J]. Advances in Atmospheric Sciences, 29(3), 435-440.

Zou H, Zhu J H, Zhou L B, et al., 2014. Validation and application of reanalysis temperature data over the Tibetan Plateau[J]. Journal of Meteorological Research, 28(1): 139-149.

彩　　版

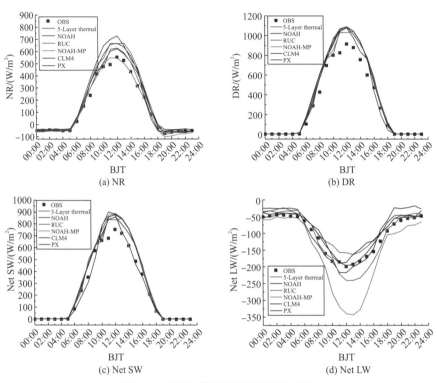

(a) NR

(b) DR

(c) Net SW

(d) Net LW

图 4-2　观测与模拟的辐射平均日变化

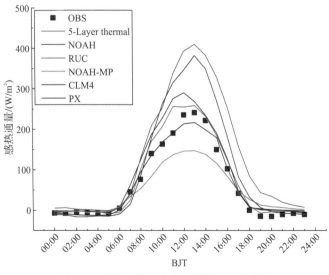

图 4-3　观测与模拟的感热通量平均日变化

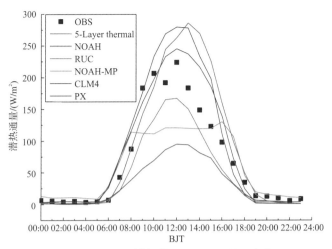

图 4-4　观测与模拟的潜热通量平均日变化

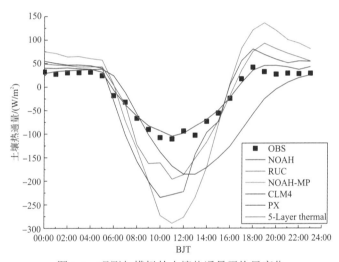

图 4-5　观测与模拟的土壤热通量平均日变化

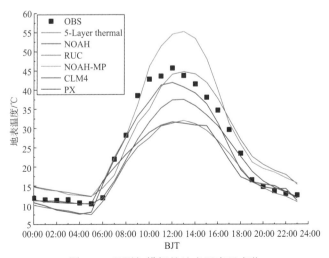

图 4-6　观测与模拟的地表温度日变化

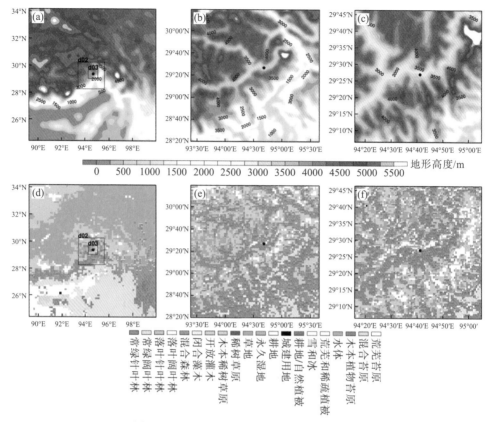

图 4-8　模拟区域的地形分布及土地利用类型

(a)模拟区域的嵌套分布；(b)、(c)第二重和第三重模拟区域地形分布；(d)模拟区域的最外层；

(e)、(f)第二重和第三重模拟区域土地利用类型

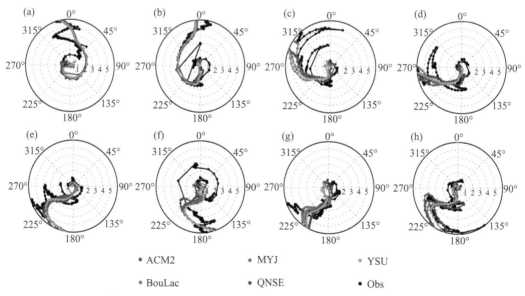

图 4-12　6月11～18日02:00 观测和模拟的风向随高度的变化

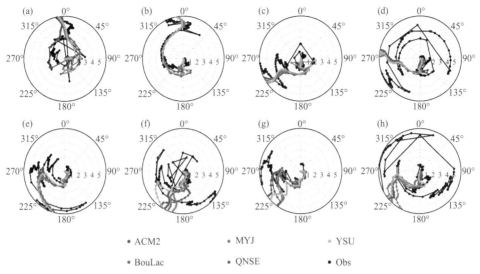

图 4-13　6 月 11～18 日 14:00 观测和模拟的风向随高度的变化

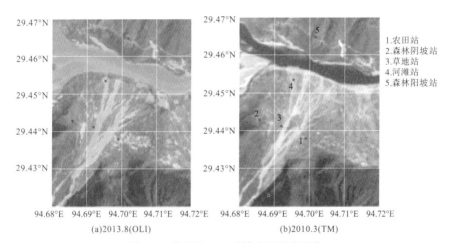

图 5-1　研究区 30m 分辨率假彩色图像

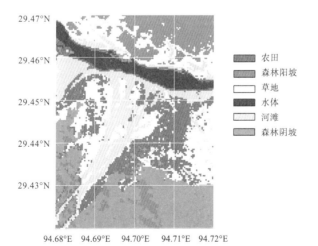

图 5-2　基于 30m 分辨率 TM 数据获取的研究区土地覆盖分类结果

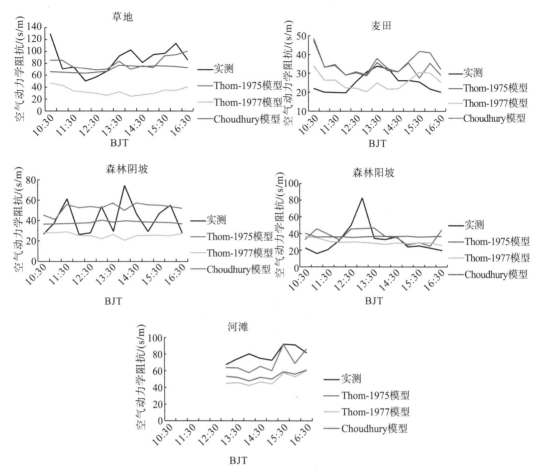

图 5-4　5 种下垫面 γ_{ah} 实测与模型估算值时间曲线